スタイリスト＆
コーディネーターの条件

林 泉
HAYASHI Izumi

文化出版局

序

　林泉先生の著書『今日的スタイリストの条件—ファッション・コーディネーターへの道』は、1983年に文化出版局から発行されて以来、約30年にわたり本学をはじめとする多くの教育機関で教材として活用されてきました。そして、1995年の『ファッションコーディネートの世界』へと続き、今もなお多くの人々に読み継がれているわけですが、このたび、その内容を一新した『スタイリスト＆コーディネーターの条件』を文化出版局より発行することとなりました。

　時代の流れに即応した本書は、これまでの素晴らしい功績もさることながら、先見の明を持っておられる林先生ならではの視点で書かれています。

　ファッションの世界に限らず、食、住においてもスタイリストの必要性はますます高まりを見せています。人々の生活空間を取り巻くあらゆるものにスタイリストが関わり、ビジネスにおいても重要な役割を担っているのです。また、ここ数年でスタイリストを目指す若者が増えてきていることから、本書が広く活用されていくことと思います。

　本書には、ファッション・ビジネスに携わる人々に役立つ多岐にわたる知識をはじめ、第二次世界大戦後から現代に至るファッション概観、ファッション・コーディネートに関する基礎知識、ファッション商品知識、ファッション・ビジネス、ビジネスマナー、ファッション用語など、ファッションに関わる基礎から応用までの内容が詳しく記されています。

　写真やイラストなども多く使い、非常にわかりやすくまとめられていますので、今後ファッションを学び、さらに仕事をしていく人にとっても、本書が大いに役立ち、長く読み継がれていくことでしょう。近年では、世界的にもファッションは重要なビジネスとして捉えられておりますが、本書がファッション教育の場でグローバルに活用されていくことを願っております。

2011年3月

学校法人文化学園理事長　大沼 淳

はじめに

　和の文化から洋の文化へと大きく転換した第二次世界大戦終結からの日本のファッションの流れは、大変なスピードで世界のファッション大国へと上り詰めていきました。1950年代、'60年代にはデザイナー、パタンナーが育成され、'70年代には高田賢三、三宅一生、山本寛斎、'80年代には山本耀司、川久保玲と日本のデザイナーが続々と世界で認められ、その後も数多くのデザイナーが活躍しています。それに伴ってファッションを取り巻く世界には様々な職業が誕生し、今のファッション産業、業界が確立されました。新しい職業としてのスタイリスト、コーディネーターは、今では専門職として様々な場所で必要とされ、大きな力になっています。

　スタイリストは'70年代、雑誌「アンアン」「ノンノ」が創刊された頃、脚光を浴びて登場してきました。当時はグラビアを飾るモデルに洋服を選び、スタイリングするファッション・コーディネーターとしての仕事が主でした。その後広告業界、テレビ、ファッション雑誌に進出し、デザイナーのメゾンのプレス担当係、車や様々な店舗のカラリスト、アパレル業界のデザイナーやマーチャンダイザーとともにデザインの方向性を考えたり、情報提供者となったり、責任のある重要な仕事へと進化していきました。また、日本の文化レベルも高くなり、海外からのオペラ、ミュージカル、舞台芸術などにもスタイリストが進出し、活躍しています。

　ファッションは変化し、流行があり、少しも停滞していません。常に世界にアンテナを張り、感性を研ぎ澄まし、高度化する時代に乗り遅れないように日々研鑽を積む必要があります。本書では、戦後から今日まで様々に変化したファッションの歴史、ファッション・コーディネートの種類、ファッション・ビジネス、商品知識や企画の立て方など、スタイリストとしての基本的な知識、専門技術を、図表や写真を取り入れ、わかりやすく解説いたしました。多くの皆様のお役に立てば幸いです。これを書くにあたりまして多くの方のご協力を頂きました。特にカメラマンの田中さん、豊田さん、深澤さん、樋掛さん、イラストを描いてくださった青山さん、大西さん、さらに編集の西森さんにはご迷惑をおかけし、心よりおわびすると同時に深く御礼を申し上げます。

林　泉

目次

第1章 これから必要とされるスタイリスト、コーディネーター …… 10

ファッション概論 …… 10
ファッションとは …… 10
スタイリストとは …… 10

1 スタイリストの仕事の種類と分類 …… 11
 (1) 情報産業系のスタイリスト …… 11
 (2) ファッション産業系のスタイリスト …… 11
 (3) パーソナル系のスタイリスト …… 11
2 スタイリストの仕事 …… 12
 (1) 出版関係のスタイリスト …… 12
 (2) ファッションショーのスタイリスト …… 13
 (3) 広告のスタイリスト …… 13
 (4) フード・スタイリスト、フード・コーディネーター …… 14
 (5) ウェディング・プランナーとスタイリスト …… 14
  ①ウェディングとは …… 14
  ②ウェディング・プランナー、コーディネーターの基礎知識 …… 14
  ③結婚式と披露宴、二次会 …… 15
  ④ブライダル・スタイリスト …… 15
  ⑤ブライダル・アテンダント …… 15
  ⑥ブライダル・フローリスト …… 15
  ⑦ブライダル・MC …… 16
 (6) ヘア・メイクアップ・アーティスト …… 16
  ①パーソナル・メイクアップ …… 17
  ②ファッションショーのヘア・メイクアップ …… 17
  ③撮影のためのメイクアップ …… 17
  ④特殊メイクアップ（映画、舞台メイクアップ） …… 17
  ⑤化粧セラピー …… 18
 (7) インテリア・コーディネーター …… 19
 (8) カラリスト …… 20

第2章 色の知識と基本的な技術 …… 21

1 色の体系 …… 21
2 色彩 …… 21

3　色の3属性（色相、明度、彩度） ……………………………………………… 21
　4　色の効果 ………………………………………………………………………… 24
　5　流行色とファッション情報 …………………………………………………… 24
　6　色とイメージと心理的効果 …………………………………………………… 24

第3章　戦後ファッション概観 …………………………………………………… 28
　1　1945～1950年　着物の文化から洋服の文化へ（混乱期） ………………… 28
　2　1951～1960年　特需景気　ライン時代（経済復興期） …………………… 30
　3　1961～1970年　経済高度成長期　マスプロ、マスセール ………………… 32
　4　1971～1980年　経済低成長期　スタイリストの誕生（量から質へ） …… 34
　5　1981～1990年　バブル経済　DCブランド～インポートブランド ……… 36
　6　1991～2000年　ラグジュアリーブランドの発展 …………………………… 38
　7　2001～2010年　国際的な不況の時代　ファストファッション　アジアの時代 …… 40

第4章　ファッション・コーディネート技術の必要性 ………………………… 42
　1　ファッション・コーディネートの基本原理 ………………………………… 42
　2　コーディネート表 ……………………………………………………………… 43
　3　ファッション・コーディネートの技術 ……………………………………… 44
　　(1)　色の組合せによるコーディネート ……………………………………… 44
　　　①ハーモニーカラー・コーディネート …………………………………… 44
　　　②セパレーションカラー・コーディネート ……………………………… 44
　　　③アクセントカラー・コーディネート …………………………………… 44
　　　④マルチカラー・コーディネート ………………………………………… 45
　　　⑤コントラストカラー・コーディネート ………………………………… 45
　　　⑥グラデーションカラー・コーディネート ……………………………… 45
　　(2)　素材の組合せによるコーディネート …………………………………… 46
　　　①ファブリック・コーディネート ………………………………………… 47
　　　②テクスチャー・コーディネート ………………………………………… 47
　　(3)　イメージの組合せによるコーディネート ……………………………… 48
　　　①クラシックイメージ・コーディネート ………………………………… 49
　　　②エレガントイメージ・コーディネート ………………………………… 49
　　　③フェミニンイメージ・コーディネート ………………………………… 49
　　　④モダンイメージ・コーディネート ……………………………………… 50
　　　⑤スポーティブイメージ・コーディネート ……………………………… 50
　　　⑥エスニックイメージ・コーディネート ………………………………… 50
　　　⑦マニッシュイメージ・コーディネート ………………………………… 51

　　　　⑧アバンギャルドイメージ・コーディネート ……………………………… 51
　　(4) ライフスタイルによるコーディネート ……………………………………… 52
　　　　①ビジネスライフ・コーディネート ……………………………………… 52
　　　　②リゾートライフ・コーディネート ……………………………………… 52
　　　　③ホーム＆リラクシングライフ・コーディネート ……………………… 52
　　　　④トラベルライフ・コーディネート ……………………………………… 53
　　　　⑤スポーツライフ・コーディネート ……………………………………… 53
　　　　⑥フォーマルライフ・コーディネート …………………………………… 53

第5章　ファッション商品知識 …………………………………………………… 54
　(1) シャツ、ブラウス ……………………………………………………………… 55
　(2) ワンピース ……………………………………………………………………… 55
　(3) スカート ………………………………………………………………………… 56
　(4) スーツ …………………………………………………………………………… 56
　(5) パンツ …………………………………………………………………………… 57
　(6) 袖 ………………………………………………………………………………… 57
　(7) ジャケット ……………………………………………………………………… 58
　(8) ネックライン、衿 ……………………………………………………………… 58
　(9) コート …………………………………………………………………………… 59
　(10) シルエット ……………………………………………………………………… 60
　(11) 帽子 ……………………………………………………………………………… 61
　(12) 眼鏡、サングラス ……………………………………………………………… 61
　(13) ベルト …………………………………………………………………………… 62
　(14) バッグ …………………………………………………………………………… 62
　(15) 時計 ……………………………………………………………………………… 63
　(16) 靴 ………………………………………………………………………………… 63

第6章　ファッション・ビジネス ………………………………………………… 64
　1 ファッション・ビジネスとは ………………………………………………… 64
　2 ファッション・ビジネスの現状 ……………………………………………… 64
　3 ファッション産業における情報 ……………………………………………… 65
　4 マーチャンダイジング ………………………………………………………… 65
　　(1) マーチャンダイジングの定義 ……………………………………………… 65
　　(2) マーチャンダイザーの必要性とその活動 ………………………………… 65
　　(3) 市場情報とショップ情報 …………………………………………………… 66
　　(4) 市場調査、ショップリサーチの実例 ……………………………………… 66

（5）マーチャンダイジングにおける活動 ……………………………………… 70
　　（6）SPAシステムの企画立案 ………………………………………………… 70
　　（7）人口動態別クラスター分析の有用性 …………………………………… 70
　　（8）マーケット・セグメンテーション（客層別セグメンテーション）…… 70
　　　　①ライフサイクル（年代）別 …………………………………………… 71
　　　　②ファッション・イメージ・テイスト別 ……………………………… 71
　　　　③ライフステージ（オケージョン）別 ………………………………… 71
　　（9）商品企画の具体的な活動プロセス ……………………………………… 71
　　　　①ファッションマーケティングの戦略における商品企画 …………… 71
　　　　②ターゲット市場の選定プロセス ……………………………………… 71
　　　　③ファッション・ディレクション ……………………………………… 72
　　　　④コンセプトの設定 ……………………………………………………… 72
　　　　⑤アイテム ………………………………………………………………… 74
　　　　⑥商品のコーディネート ………………………………………………… 76

第7章　ファッションショー ………………………………………………………… 77
　1　ショーの目的 …………………………………………………………………… 77
　2　ショーの会場と形態 …………………………………………………………… 77
　3　ファッションショーの組織図と各種役割 …………………………………… 77
　4　舞台案 …………………………………………………………………………… 78
　5　企画のポイント ………………………………………………………………… 78
　6　テーマの設定 …………………………………………………………………… 78
　7　コンセプト分析、イメージ分析 ……………………………………………… 78
　8　デザインの具体化 ……………………………………………………………… 79
　9　イメージとデザイン画 ………………………………………………………… 79
　10　時間とショー作品の点数 …………………………………………………… 82
　11　モデル ………………………………………………………………………… 83
　12　照明 …………………………………………………………………………… 83
　13　ドレッシングルーム ………………………………………………………… 83
　14　プレス担当 …………………………………………………………………… 83

第8章　ファッション心理学 ………………………………………………………… 84

第9章　ファッションの専門用語 …………………………………………………… 85

第10章　ビジネスマナーの基礎知識 ……………………………………………… 94

第1章　これから必要とされる
　　　　スタイリスト、コーディネーター

ファッション概論

　ファッションの世界はますます広がりを持ち、従来は単に服飾分野を指していたが、今では人々のライフスタイル、食文化、住文化、インテリア、車、音楽、生活空間、社会などあらゆるものまで含むようになった。多様化、個性化、高度化し、美意識が高くなった。現在、ファッションはモデルノロジー（考現学）の一分野として取り上げられるようになり、また、哲学における表象としても扱われるようになった。つまりファッションは時代を映す鏡であり、社会の一部でもあると考えられる。ファッションには流行があり、それをファッションサイクルと呼ぶ。

　かつては、一つの流れが発生し、成長しながら頂点に達し、その流れが継続しながら力が弱くなり消滅していく過程を流行の周期といっていた。しかし現在では、一つの周期が始まって成長する過程で、また次の流行が始まるというように、様々なイメージを複雑に混合し、分岐しながら流れていく特徴をもっている。まさにファッションはその時代を生きる人生の一こまのようなものでもある。今では、様々なものがファッション化現象を起こし、デザイン、感性、創造性がよりいっそう重要になってきている。

ファッションとは

　ファッションは変化であり流行でもある。方法、仕方、様式でもあり、変化していく過程の一連の社会現象でもある。新しいスタイルは時代環境の変化の中で登場し、「地球環境問題」「女性の社会進出」「情報社会の進展」「階層格差の拡大」などが現代社会の中で構造変化を生み、新しいスタイルとなっている。

エルメス　2010-11 AW

　ファッションは、かつては、上流社会の服装の模倣から始まったのであるが、現在では一般消費者や消費社会の中から生まれるようになった。ファッションは繰返しであるといわれているが、これは過去のまねではなく、常に新しい要素を加えて変化しながら流れていく特徴を持っている。

スタイリストとは

　情報化社会の進展はますます目を見張るものがある。人々の生活レベルも高度化、個性化、多様化し、その勢いはとどまることがない。またグローバ

ル化の波は世界的な規模になり、人種、習慣、社会環境、職業など、それぞれどれをとっても複雑化しているのが現状である。スタイリストは企画、演出を受け持つスタッフとコミュニケーションをとりながら、自分の感性でスタイリングし、ファッションを効果的に演出するイメージ・クリエーターであり、企画力とともにそれを形にする知識と技術、体力、センスが必要である。そのためには時代を先取りする感性（センス）、想像（イメージ）して創造（クリエーション）へと作り上げる力量、売れる仕組みを作り、マーケティング・マインドとそれを相手に理解させるためのプレゼンテーション技術が必要である。

スタイリストの仕事の種類は現在では様々な分野に広がっている。「情報産業系のスタイリスト」「ファッション産業系のスタイリスト」「パーソナル系のスタイリスト」の三つの分野に分類することができる。しかし時代とともに、さらに細分化し、専門化していくことが予測される。

それに対応するためには豊富なファッションの専門知識と専門技術、それに伴う商品知識、さらには、政治、経済、国際社会の動きに関心を持ち、豊富な情報網を駆使して問題を解決することが重要である。

1　スタイリストの仕事の種類と分類

（1）情報産業系のスタイリスト

　商品のイメージを人々に認知してもらう手段として、広告、宣伝、出版、テレビ、映画、ファッションショー、イベントなどがある。スポンサーの意図をくみ取り、ディレクターや監督のイメージを的確に把握し、撮影や、それぞれの仕事の中でモデルの衣装やアクセサリーをアレンジしたり、衣装の制作やスタイリングをするために、イメージ・クリエーター的な能力が求められる。

　進展するIT産業において、新しい分野のスタイリストの誕生の可能性も高い。

（2）ファッション産業系のスタイリスト

　メーカー側においてはマーチャンダイザーやコーディネーター、デザイナーとコミュニケーションをとりながら、ファッションの夢を現物として作り上げ、販売促進の部分から商品が売れる仕組みを作る。小売り側においてはファッションアドバイザー、コーディネーター、スタイリストとして、また、店舗においては商品のコーディネーションやお客様の気持ちをくみ取る接客技術を身につけ、バイヤーとともに商品の仕入れやディスプレーなどをし、顧客の要求を企業に反映させるサービスの提供者でなくてはならない。

（3）パーソナル系のスタイリスト

　人物をその目的のイメージに作り上げ、効果的に表現することである。芸能人に限らず、現代は、企業の経営者や有名人は内面的なものだけでなく、外見でも人々にアピールすることが重要視されるため、人物のイメージ構築のコンサルタント的な能力も必要である。

　また、消費者心理や購買心理を分析し、心理的な要素を分析できるパーソナル・スタイリストも必要とされる時代である。

撮影風景

2 スタイリストの仕事

(1) 出版関係のスタイリスト

　情報を売り、時代を先取りする出版などの分野は、経済、文化、スポーツ、食、インテリア、ファッション、旅行、車、ペットなどの雑誌、また、高齢化が進む中、介護などの専門誌、通信販売のカタログなど、様々な種類が混在し、スタイリストの仕事の幅も広がっている。これらは読者の専門性、ライフスタイルや趣味、関心事に適応した豊富な情報であふれている。中でも日本のファッション雑誌の種類は充実しており、年齢、性別、生活水準、収入などを考慮して読者のファッション傾向を分析し、それに応じたファッション雑誌が数多く発行されている。

　ますます人々の志向が多様化し、ファッションも様々なアイテムを自分の好みやTPOに合わせて自由にコーディネートするようになったため、ファッション雑誌もこれまでの物作り雑誌からカタログ雑誌的な情報提供型が主流となってきた。そのため出版関係のスタイリストは、担当する記事によって取材、写真撮影、商品の調達、モデルの選定、編集の方針にそった予算の調整などを行なうため、紙面を総合的に演出するディレクターのような位置づけだといえる。常に読者に対して最新情報を提供できるような感性を磨き、レーダー感覚を持つことが大切である。そのためには時代を先取りできる情報、商品知識とともに文章力、情報分析力、整理能力などの編集技術も学び、読者にアピールする紙面作りができるよう努力することも大切である。

　現在、雑誌のスタイリストの中にはカリスマ性のある人気スタイリストが多く活躍している。誌面の構成や商品の見せ方、ビジュアル性、掲載された商品やモデルなどが売上げを左右する雑誌において、スタイリストは重要な役割を担う。また、場合によっては海外の企業と仕事を行なうため、語学や一般常識、マナーについての高い知識と教養も必要となる。

2010年パリ・コレクションのシャネルの舞台風景

(2) ファッションショーのスタイリスト

　ファッションショーのスタイリストは、主催者や演出家すべてを裏で支える重要な役割を担っている。その仕事は、ファッションショーの企画、デザイナーとの打合せ、ショーの進行や主催者との交渉、モデルの調整、コスチュームやアクセサリーの調達、招待者リストの作成、モデルのフィッティングなど多岐にわたる。特に海外からデザイナーや企業を招待する場合は、作品のチェックはもちろん、日程、両者間の契約、スケジュール調整、滞在期間の宿泊ホテルなどの手配、荷物や輸送にかかるカルネチェック（商品を売買しないという税関を通るときに要する書類）、また広報のためのポスター、チケット、プログラムなどの手配など膨大な仕事がある。そのため、スタイリストはファッションショーの企画についての知識と語学力も必要な要素となる。（ファッションショーについては第7章に述べる）

(3) 広告のスタイリスト

　スポンサーの意思を尊重しながらアートディレクターやカメラマンとコミュニケーションをとり、企画会議に参加し、広告のコンセプトやメッセージを打ち出す。広告の力をより強く人々に訴えることができるためには、時代の空気を読み、人々が今後何を要求しているのかを分析しながらスポンサーのメッセージを的確にとらえることが必要である。目に見えない縁の下の力持ち的存在でもある。撮影のイメージに合わせたモデル、シーンのためのロケーション、インテリアや小道具などの場面設定をし、静的、動的などデザイン効果をねらったこまごまとした気配りが必要になってくる。

　カメラはカラーかモノクロか色の考慮も重要である。また、撮影する商品を理解するためにも資料などで歴史や社会背景など様々なものを調査、研究することもスタイリストにとって大切である。

(4) フード・スタイリスト、フード・コーディネーター

　フード・スタイリストは、雑誌、広告、CM、テレビ番組、料理本などの「食」にかかわる各種撮影で、フード・スタイリングやテーブル・コーディネートなどを担当する。フード・スタイリストは、いわゆる総合プロデューサー的存在であり、テレビや雑誌で紹介する料理をコーディネートしたり、飲食店のコンセプトやメニュー立案、イベントの企画を任されたり、「食」という世界を他の産業とつなげていく架け橋的なポジションである。

　また、フード・コーディネーターは、「食」の世界を専門の垣根を越えて有機的に結びつけ、料理作りはもちろん、食材の仕入れ、店舗設計、メニュー開発から食のイベントまで、多岐にわたるフードビジネスを担う。「食」にまつわる幅広い知識を持つフード・コーディネーターは、現在、注目を集めており、店舗の料理メニューの考案、仕込みや撮影の演出、外食産業の方向性の立案など、ビジネスに直結した職業である。フード・コーディネーターを目指すためには、日本フードコーディネーター協会が認定する専門の資格などを取得し、業界への足がかりをつかむことが有益で、資格取得後は食関連の企業への就職や、既に現場で活躍しているフード・コーディネーターのアシスタントとして充分な経験を積み、フリーランスとして活躍することもできる。

　スローライフ、エコライフが現在人々の関心事でもある。そのため「スローフード」や「食育」などの新しい考えにより、これまでの食生活が見直されつつあり、幅広い知識を持つフード・コーディネーターの必要性はますます広がりを見せ、資格保持者も増加の傾向にある。社会的な認知度の向上とともに、フード・コーディネーターには幅広い知識と技術が求められるようになった。現場での仕事は情報収集や商品企画、調理、スタイリング、撮影、資料作成、プレゼンテーションなどにまで及んでいく。

© 木村拓（東京料理写真）／スタイリング　綾部恵美子
料理　今泉久美

(5) ウェディング・プランナーとスタイリスト

① ウェディングとは

　結婚式は新郎、新婦がシナリオや演出、主演の役割を担うとすると、ウェディング・プランナーはそのプロデューサー的役割を担っている。スケジュールの組み方から招待状の作り方、結婚式のイメージ、演出、装花、ドレス、料理、ケーキなど、ウェディングを構成するすべてを新郎と新婦の要望をもとに一つにまとめ上げることが主な仕事である。具体的には、新郎、新婦の希望に合わせて結婚式や披露宴を企画する。オリジナルウェディングの場合は会場の手配、スケジュール管理をはじめ、司会進行、音響、キャンドルサービスなどの演出にかかわる企画と手配、それに加え、経費の試算や見積り書の作成など、ビジネス面での処理能力も必要とされる。

② ウェディング・プランナー、コーディネーターの基礎知識

　ウェディング・プランナーは、ブライダル・コーディネーターとも呼ばれる。ブライダルの基礎知識の他に、一般常識、ビジネスマナーも求められる。

　新郎、新婦が持つ様々な問題の相談相手になる。具体的には、ホテルや専門式場に勤務し、依頼者の相談から式のプランニングを行なう。結婚式会場、

披露宴会場、出席者の人数、引き出物、予算、見積り、当日の進行までサポートする（下見の応対、相談→様々な手配、準備→リハーサル、直前の準備→式当日）。

現在、オリジナルウェディングのニーズが高まる中、注目の職業となっている。ウェディング・プランナーになるためには、ファッションの基礎知識やフォーマル・ウェアのルールなどの専門知識を身につけ、ホテルや専門式場での実践を重ね、フォーマル検定などの資格も取得することが重要である。ブライダル業界の仕事は、ウェディング・プランナーの他にもブライダル・スタイリスト、ブライダル・アテンダント、ブライダル・フローリスト、ブライダル・MCなど細分化されている。

披露宴

③ 結婚式と披露宴、二次会

専門式場やチャペル、神社などでの結婚式は、徐々に減少しつつあり、近年では、レストランやホテルのチャペル、ハウス・ウェディング、また、海外でのウェディングなども人気がある。

これは、依頼者のオリジナリティや個性を演出する志向に対応するためであり、それに伴いウェディング・プランナーのニーズも高まっている。また、式の形態も「セカンド・ウェディング」「おめでた婚」「プラチナ婚」などがあるように、ますますウェディング・プランナーの活躍する場が広がっていくと予測される。これからのブライダルシーンには、よりクオリティの高いプランニングとサービスが求められ、プロフェッショナルな人材が不可欠となってくる。

④ ブライダル・スタイリスト

結婚式の一番の主役である「花嫁」を美しく見せるために、ウェディングドレスを中心にアクセサリー、ブーケ、小物などをトータルコーディネートする仕事である。新郎のスタイリング、また両親の服装へのアドバイス、出席者への配慮など、全体のコーディネートをする。会場の広さや式の雰囲気、色などに応じてテーブルコーディネートやフラワーアレンジメント、ディスプレーの企画など、スタッフとともによりよい結婚式ができるようにアシストする。

参列する人数の把握、両家の格式、家柄、地域の風習など、ドレス以外の周辺知識も要求されるため、ファッションの専門知識と業界の専門性と接客技術や心配り、すなわちホスピタリティ能力、さらには全体をコーディネートするセンスが要求される。

⑤ ブライダル・アテンダント

挙式当日、花嫁の衣装や式の流れに合わせてサポートする仕事。衣装の着付けやお色直し（和装→ウェディングドレス→カクテルドレス他）を担当する。また、挙式の間、常に花嫁の動きを見ながら、精神面でのサポートができる能力やホスピタリティ能力も必要となる。イベント演出や色彩などブライダル業界向けの演出テクニックが腕の見せどころでもあり、演出家としての様々な顔を持っているのが特徴である。

⑥ ブライダル・フローリスト

結婚式、披露宴の演出に欠かせないフラワーアレンジメント、ブーケやコサージュなど花嫁を飾るテ

クニックに加え、テーブル装花を含むトータルでの会場演出能力が要求される。フラワーの専門性のほか、フラワー・デザイナーとして、テーブルに飾るフラワー、また手に持つ花嫁のブーケ、花婿の胸に挿すブートニアのアレンジメントの技術とセンスが要求される。

⑦ ブライダル・MC

挙式当日の司会進行を主な業務とし、結婚式、披露宴の流れをタイムスケジュールどおりに、しかも一生の思い出になるように演出する仕事である。式を無事に終了するまで会場の空気や列席者の動向に注視しつつ、様々な気配りができるスキルが必要とされる。

(6) ヘア・メイクアップ・アーティスト

ヘア・メイクアップ・アーティストとは、映像、舞台、コレクション、イベント、紙媒体などのメディア表現を中心に、現場においてヘアスタイリングとメイクアップを両立して行なう職業である。

現在、ファッションをトータルに演出するためのヘア・メイクアップ・アーティストはそれぞれの専門分野があり、ますます重要になっている。

1980年代はDCブランドブーム全盛期。ファッションでは三宅一生、川久保玲、山本耀司などがパリ・コレクションに参加するなど、ヘア・メイクアップ・アーティストの需要が急激に高まりを見せていき、日本においてヘア・メイクアップ・アーティストという概念が定着し、ビジネスとして動き始めた草創期でもある。

1990年代になると「日本ヘアデザイナー大賞」など、ヘア・メイクアップ・アーティストや美容師に対する様々な賞が生まれ、ヘア・メイクアップ・アーティストと美容師の間で業態と意識の距離が縮まっていった。2000年代は、テレビ番組で美容師が多く取り上げられたことにより、美容界に「カリスマブーム」が起こる。これにより、美容師はサロンワークやカットを通じて作品を表現するものという流れが強まり、ヘア・メイクアップ・アーティストと一定の距離を保つ風潮が生まれる。また、ヘア・メイクアップ業務自体が欧米のように撮影用のヘア・スタイリストとメイクアップ・アーティストに分かれ、チームを組んで業務を行なう事例も増えてきた。現在、ヘア・メイクアップはますます専業化し、ボディペイントやネイルアートも分業化している。

ヘア・メイクアップは外面を美しくするだけでなく、魅力的な人物像を作り上げていくものであるため、正確なメイクアップ技術を身につけることを基本に、モードやトレンドを察知する能力、的確な表現力と判断力が必要となる。ヘア・メイクアップのポジションは、時代とともに移り変わるものであり、国内外でもその技術と志向性、価値そのものが変化する。つまり、ヘア・メイクアップ・アーティストは、モードやトレンドを敏感に感じる感性を持つことが必要となる。

時代の先端をいくアーティスト、雑誌や映像などのメディア関係者、広告関係者、ブライダルサロンといったリアルな現場とのアクセスを保つことが重要になってきた。ヘア・メイクアップ・アーティストとは、高度なメイクアップ技術によって人をより美しくする仕事でもあり、結婚式、成人式、テレビのタレント、雑誌やファッションショーのモデルのメイクアップなどを手がける場合もある。その他には、映画で使用する特殊メイクアップや老人介護、医療の分野にまで多岐にわたる。

このように、ヘア・メイクアップ・アーティストには様々な要望をイメージどおりに仕上げられる技術と創造性が求められ、幅広い美容全般の知識と技術と専門性をトータルで身につける必要がある。

ヘア・メイクアップの技術、職業も時代とともに大きく変化してきた。普段何気なくしているメイクアップも職業になると、パーソナルメイクとファッションショーのメイク、映画、舞台などでの特殊メイク、また現在話題になって社会から要望の高いセラピー・メイクアップ（心と肌の深い悩みを解消）など様々な専門技術がある。

ショーのメイク風景

① パーソナル・メイクアップ

　人それぞれの個性を的確にとらえ、最大限に生かしたメイクアップをパーソナル・メイクアップという。個性には、内面的なもの（ものの考え方や性格など）と外面的なもの（顔の輪郭、目、鼻、口の形、肌の色など）があり、また年齢、体型など様々なものが統合されて表われている。ファッション・コーディネートをしていくうえで、メイクアップもその人の個性に合わせて仕上げていくことがポイントである。

② ファッションショーのヘア・メイクアップ

- デザイナーの意図、個性、メッセージを表現するために、ヘア・メイクアップ・アーティストは事前にデザイナーの主張や洋服の特徴を理解する。
- ショーの目的、洋服のイメージをよりよく表現できるように、また、モデルの顔を分析し、肌、顔のタイプなども理解して、インパクトのあるメイクに仕上げる。
- 発表点数が多く、モデルの数が少ない場合は、敏速に最大公約数的なメイクに仕上げることが必要である。
- 照明が強いのでその効果も考慮に入れる。
- ヘアスタイルも重要になってくる。会場の広さ、野外か屋内か、髪のボリューム、全体のバランスなどを考える。帽子をかぶる場合は小さくまとめる。また、最近はヘアを強調するショーも多く、様々な場面に対応できるように常に時代の流れや流行などをとらえ、技術を磨くことも重要である。

③ 撮影のためのメイクアップ

　撮影用のメイクはフィルムや光（自然光、ライト）の状態に合わせて肌色やシャドー、チークの調整を行なう。照明器具を長時間使って撮影するため、メイクアップが崩れやすいので注意する必要がある。また静止したもの、動きのあるものなどカメラマンと事前に打ち合わせ、目的に合わせたメイクアップをすることが大切である。撮影したものは肉眼で見るより拡大されて見えるので、細部にまで注意することが重要である。現在は写真技術も進み、フィルムからデジタルの時代になり、撮影と同時にデータを送信することも可能になった。様々な技術が日々進化しているので研究し、それぞれの撮影状況に合わせて効果的なメイクアップを臨機応変にできることが重要である。

④ 特殊メイクアップ（映画、舞台メイクアップ）

　特殊メイクアップとは、フェイク・タトゥーや傷メイク、ボディペインティングをはじめとして、牙や角、耳や鼻、ひげなどをつけたり、人間の顔や体の形に手を加えて年齢や性別を変えたり、モンスターや動物風にアレンジするなど、現実とは違ったものへと立体的に変身させるメイクアップ技術である。舞台やライブ、イベントなどのショー作品や映

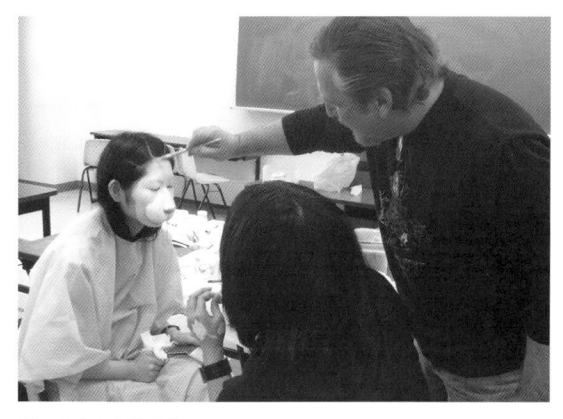

特殊メイク実習風景

画やテレビ、CM、写真やビデオなどの映像作品において、現実には存在しない生物や動物、非人間的な役柄やキャラクターなどを表現する。よって、非現実的な状況をリアルに作り出すために特殊メイクアップは用いられている。

　特殊メイクアップの代表的な手法の一つが、立体的に造型した人工皮膚（アプライエンス）を俳優やモデルの皮膚に接着して、顔や体の形そのものを変えるメイクアップ技術である。老人の深いしわをアプライエンスで作ったり、架空のキャラクターや生物に本物のような表情の変化や生命感を与える表現ができるため、立体的なこのメイクアップは色彩のみを施す通常のメイクアップと比べ、表現の無限の可能性を持っているのである。

　下記の基本工程は、人工皮膚素材の一つであるレイテックスを用いたモールド・メイキング（型作り）の手法。鼻のアプライエンスを制作することで、モールド・メイキングの手順から動物やキャラクターを表現するメイクアップ（着彩）までを見ていこう。

トラの特殊メイク

基本工程
1) まず、アプライエンスを身につけるモデルの顔型（ライフマスク）をとる。歯科医療で歯型をとる際に使用する素材、アルジネイトを顔に塗り、型をとる。呼吸をするための鼻穴を確保しておく。
2) アルジネイトが固まった後、その上から石膏包帯をつけ、形を固定する。
3) できたアルジネイトの型に石膏を流し入れ、顔型を作る。
4) 石膏の顔型の上に粘土を盛り、各自のデザインに基づいて鼻を彫刻する。この粘土彫刻部分がレイテックスに置き換わりアプライエンスになる。
5) 粘土彫刻完成後、石膏で型をとり、アプライエンスを作るための型を作る。
6) 石膏が固まったら、彫塑した粘土を取り除き、そこにレイテックスを塗り重ねて鼻のアプライエンスを作る。
7) 皮膚用の接着剤でアプライエンスを顔に貼りつける。皮膚とアプライエンスの境目が目立たないように貼る。
8) 変身するキャラクターや動物のデザインに合わせてメイクアップ（着彩）を施し、皮膚とアプライエンスをなじませてメイクアップを仕上げる。

ライオンとキリンの特殊メイク

⑤ 化粧セラピー
（ライフ・クオリティ・メイクアップ）

　メイクアップの世界も、求められるものの多様化と化粧品の開発などにより、大きな広がりを見せている。

　一般にメイクアップはファッションに連動しているため、ファッションショーのメイクアップや舞台メイクアップなど、外見を効果的に演出するものと

とらえられているが、メイクアップには、肌に悩みを持つ人や高齢者、障害を持っている人たちの心を元気にさせる、セラピー的な力が秘められていることがわかってきた。

中でも、あざや白斑、やけどなどの傷跡、また病気や治療による影響で発生する肌の強いくすみをカバーするファンデーションの開発により、それらを使っての肌色作り（カバー・メイクアップ）とポイント・メイクアップなどの効果もあいまって、「不安が減少する」「前向きになる」「元気が出る」といったクオリティ・オブ・ライフ（QOL）向上効果も確認されている。

「化粧セラピー」という言葉の定義ははっきりしていないが、これらのメイクアップ行為が、QOL向上に結びつくことを考えただけでも、充分に「セラピー」といえることがわかる。

以下は資生堂ライフクオリティービューティーセンターでのメイクアップの実例。

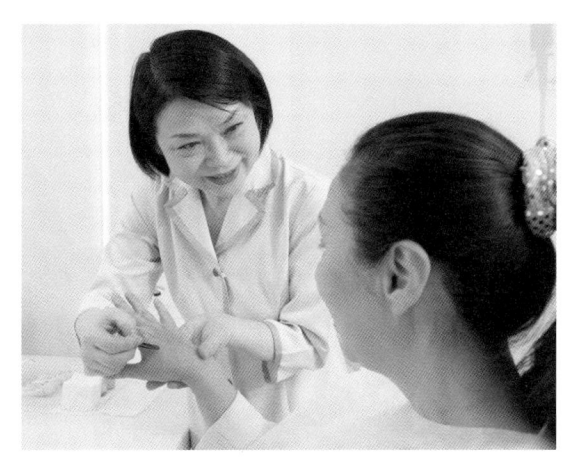

化粧セラピー（写真提供　資生堂ライフクオリティービューティーセンター）

● 悩みの状態確認
　メイクアップ（ファンデーション）を落としながら、悩みの状態と肌の状態を目や指で確認する。
● メイクアップ方法のプランニング
　例えば、彩度の調整にイエローやオレンジを使い、その後、明度の調整にナチュラルやブラウンを使うなど。
● ファンデーションを選択、実習アドバイス
　悩みの状態確認、メイクアップ方法のプランニングを含めて、時間をかけて行なう。

化粧が及ぼす心と体への生理的、心理的影響について科学的視点と心理的視点から分析すると、化粧は視覚、触覚、嗅覚などに作用するが、人と化粧の接点は皮膚であり、皮膚には心や体と関連する様々な機能があるのである。なぜ化粧が肌や体に対して効果を持つか、皮膚生理学と生理心理学からのアプローチで、化粧を今後の課題とし、スタイリストも今後さらに必要とされる化粧セラピーに対して興味を持ち、これから社会的にも要求される仕事として学ぶことも大切である。

(7) インテリア・コーディネーター

インテリア・コーディネーターとは、様々な顧客の要望に応えて室内のレイアウトや内装材、家具、照明などを選び、「快適な住空間」を創造するインテリアのスペシャリストである。現在では、生活スタイルも「個性」で差をつける時代となっている。照明、カーテン、カーペット、キッチン、トイレ、浴室などから、食器、ナイフ、フォークに至るまで、トータルでコーディネートすることによって、そこに住む人にとって居心地のいい空間を作り上げることがインテリア・コーディネーターの仕事である。

また、顧客が住宅やマンションを建てたり、リフォームをしたいときに相談に乗り、適した商品や内装デザインについてアドバイスすることもインテリア・コーディネーターの業務であり、同時に営業販売という役割も担っている。一般的には、インテリア・コーディネーターの資格を取得して企業に所属することから始まり、経験を積むことでさらに魅力的な仕事ができる。

インテリア・コーディネーターが所属する企業としては、建築会社、リフォームなどを手がけるハウスメーカー、デザイン事務所、家具インテリアショップ、ショールームなど幅広い。その業務内容も商品開発からモデルハウスの内装計画、デ

ィスプレーまで手がけるなど、インテリア・コーディネーターの仕事の領域を自ら広げることが可能でもある。プロとして経験を積むことの大切な、息の長い仕事でもある。

(8) カラリスト

　人々の生活には常に色が存在し、色がその物体のイメージを人々の感受性に与える影響は大きい。ファッションにおいても色は重要な意味を持ち、1963年には世界で唯一の国際間の流行色選定機構「国際流行色委員会（インターカラー）」が創設された。選定色を決める作業は実シーズンの約2年前から始まり、その選定色は国際的なトレンドカラーとして、大きな影響力を持っている。

　色から人々がイメージするものには、季節、温度（気温、体温）、触感（柔らかい、硬い）、性別、ライフシーン、気分（安らぐ、落ち着く、悲しい、寂しい、優しい、楽しいなど）、性格（穏やか、活発、堅実、頑固など）といった情報がある。特に、ファッション・コーディネートにおいては色によって様々なコーディネート方法があり、それらの分類は服飾はもちろんであるが、食やインテリアなどにも当てはめて分析することができる。色はそれを身につける人の気分や、人に与える印象にも影響を及ぼす。

　現在、色の重要性は各分野で注目され、色にかかわる職業の人気も高まってきている。カラリストには「パーソナル・カラリスト」「企業内カラリスト」などがあり、また、国家的なイベントなどでもカラリストは重要な役割を果たしている。「パーソナル・カラリスト」は個人を対象としてその人に合った色診断を行ない、イメージ作りのコンサルタントを担う。「企業内カラリスト」は企業に属し、商品デザインの一環として販売促進に直結する基調色を決定し、商品企画の方向性を導く役割を担う。ファッション業界や工業製品などの商品の色彩設計を行なうことがカラリストの主な仕事であったが、近年では企業カラーも重要であり、カラーからその商品をイメージする時代でもある。そのためにコーポレート・カラーやアイデンティティ・カラーの選定など、カラリストには多くの期待が寄せられている。現在カラリストの国家試験や資格試験などがあり、職業として高い知識や技術が要求されているので、それらの資格を取得することもスタイリストとして必要である。

第2章　色の知識と基本的な技術

1　色の体系

　ファッションの世界において、色の果たす役割は大きく、かつ重要である。色は常に存在し、生理的、物理的に多くのメッセージを発信し続けている。特にコンピューターの発達とともに従来までは考えられなかった色が瞬時に作られるようになった。R（red）、G（green）、B（blue）の3原色をコンピューター上で再現すると、1677万色がシミュレーションされるまでに技術が発達した。しかしスタイリストは仕事の上で色の基本的な性格を理解する必要がある。色があふれている現在、人々の生活の中で、伝統、文化、社会、環境、民族、生活様式の違いがあるため、カラーイメージは人によってそれぞれ異なってくる。色は様々な情報を発信しながら生き続けているため、色をコーディネートするには、多くの色を扱い、整理、分類し、表示方法や色彩の知識を体系的に身につけていくことが大切である。

2　色彩

　「色彩」とは、人間の目が一定の光を受けて、それを色として認識することをいう。人間の目で見える光「可視光」より、見えない「不可視光（紫外線、赤外線等）」のほうが多く、比較的波長の長い光が我々に色として認識されるのである。「赤」は可視光の中で比較的波長が長く、「紫」は比較的波長が短い光として認識されている。

3　色の3属性（色相、明度、彩度）

　色相とは色みの違いのことをいう。基本となるのは、赤、青、黄、の3原色で、原色どうしが混ざって橙、緑、紫などの中間色ができる。波長の順に並べたものを「色相環」と呼び、その180度反対位置にある色と色を「反対色」といい、補色の関係にある。

　すなわち色は白、黒、灰色などの色みを持たない、明度だけの属性を持つ無彩色と、赤、黄、青、緑、紫などの色みを持つ有彩色に分類することができる。

　色の明るさの度合いを明度、色みの強弱の度合い、鮮やかさの度合いを彩度という。この色相（色み）、明度（明るさ）、彩度（鮮やかさ）の三つを色の3属性といい、色を識別する基本的な手がかりとなるものである。薄い色（ペール・カラー）のグループ、濃い色（ディープ・カラー）のグループ、さえた色（ビビッド・カラー）のグループとしてとらえる色の感じ、色相、明度の色の調子をトーンという。

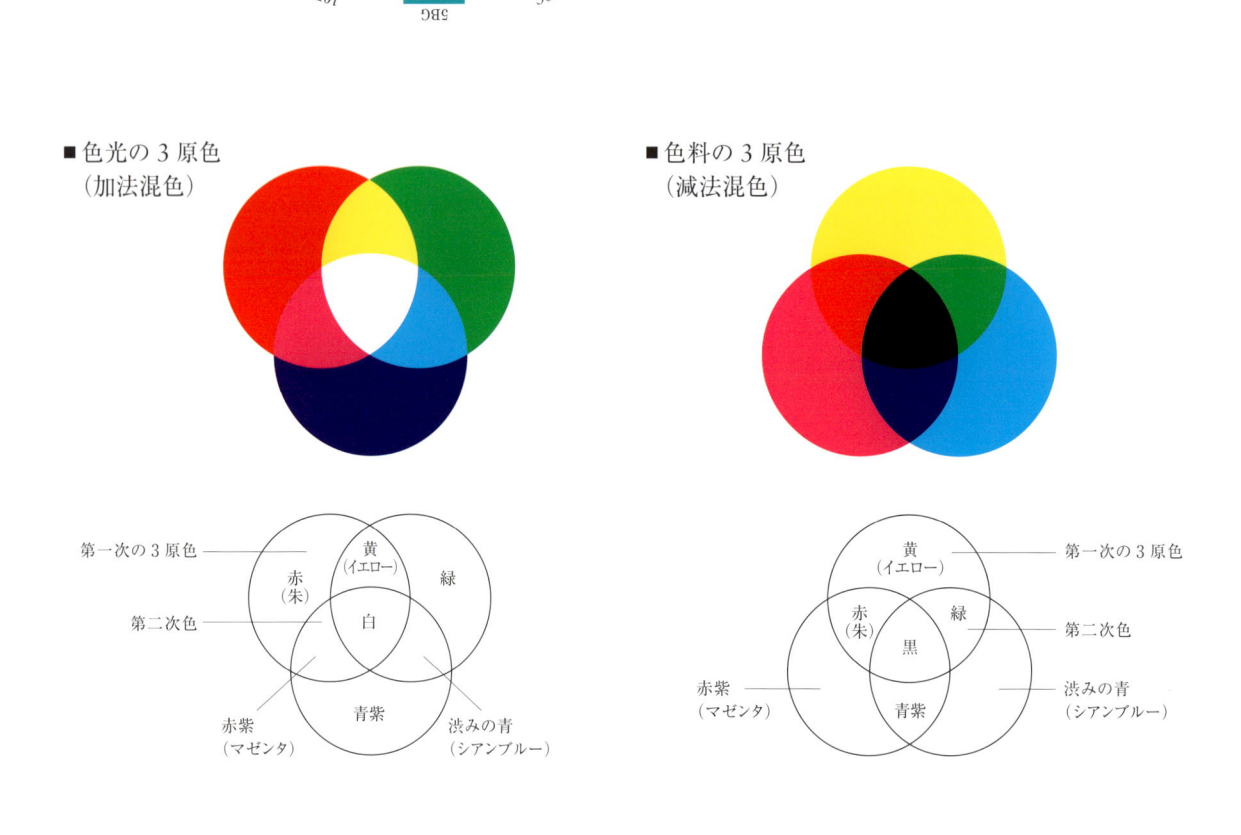

■ マンセル・カラーシステム
　（色相環）

■ グレースケール
　（明度段階）

明度		明度の大別	
9.0	□	（白）	
8.0		高明度	黄の純色の位置
7.0			黄緑の純色の位置
6.0		中明度	
5.0			緑の純色の位置
4.0			赤の純色の位置
3.0		低明度	青の純色の位置
2.0			紫の純色の位置
1.5	■	（黒）	

■ 色光の 3 原色
　（加法混色）

第一次の 3 原色 —— 赤（朱）、黄（イエロー）、緑
第二次色 —— 白
赤紫（マゼンタ）、青紫、渋みの青（シアンブルー）

■ 色料の 3 原色
　（減法混色）

黄（イエロー）—— 第一次の 3 原色
赤（朱）、緑 —— 第二次色
黒
赤紫（マゼンタ）、青紫、渋みの青（シアンブルー）

■ トーンの分類

提供　日本色研事業（株）

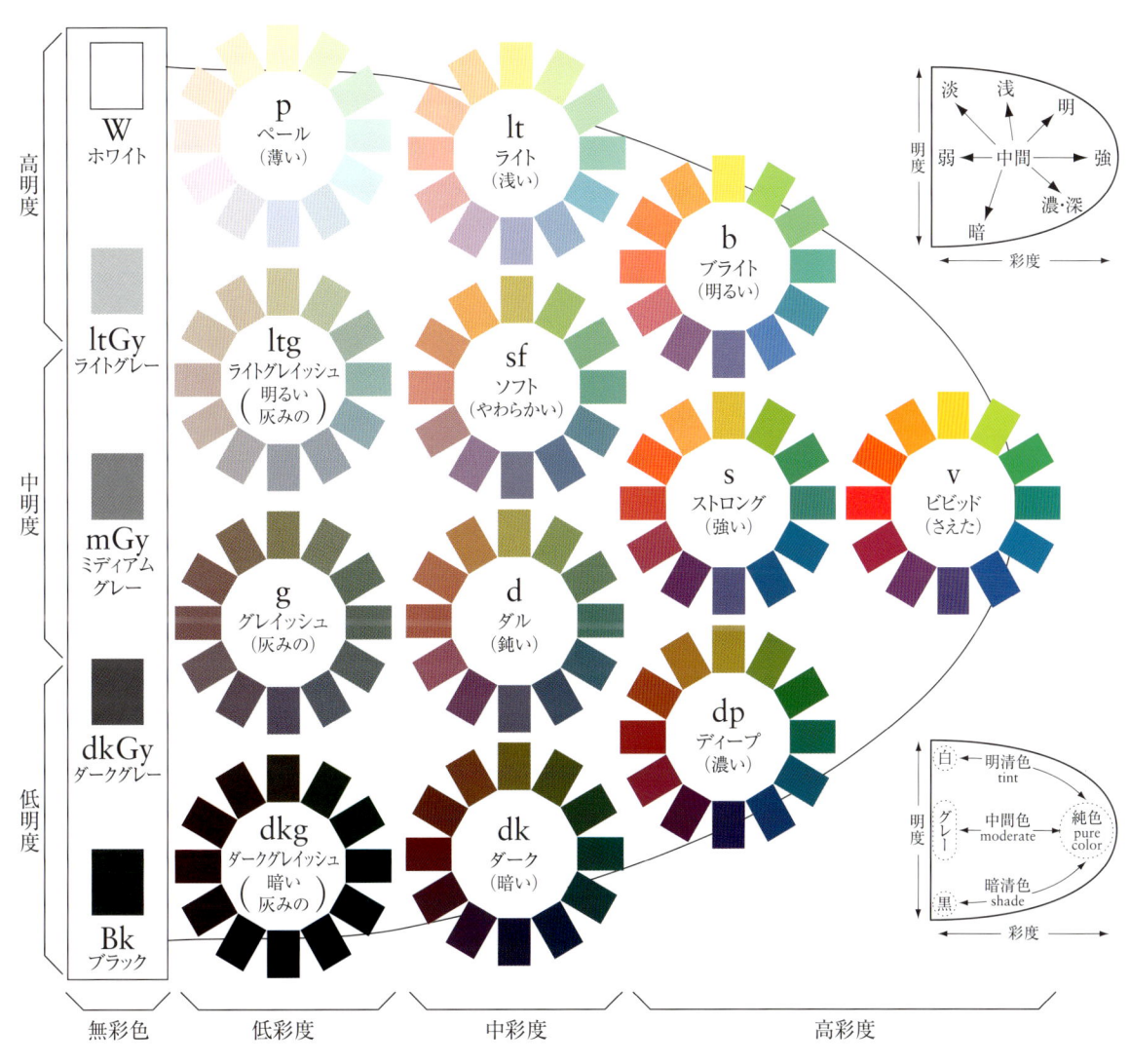

無彩色
- W　ホワイト
- ltGy　ライトグレー
- mGy　ミディアムグレー
- dkGy　ダークグレー
- Bk　ブラック

高明度／中明度／低明度

低彩度
- p　ペール（薄い）
- ltg　ライトグレイッシュ（明るい灰みの）
- g　グレイッシュ（灰みの）
- dkg　ダークグレイッシュ（暗い灰みの）

中彩度
- lt　ライト（浅い）
- sf　ソフト（やわらかい）
- d　ダル（鈍い）
- dk　ダーク（暗い）

高彩度
- b　ブライト（明るい）
- s　ストロング（強い）
- dp　ディープ（濃い）
- v　ビビッド（さえた）

明度：淡／浅／明／弱→中間→強／暗／濃・深　彩度

明清色 tint（白）／中間色 moderate（グレー）／純色 pure color／暗清色 shade（黒）

■ トーンの位置と呼び方

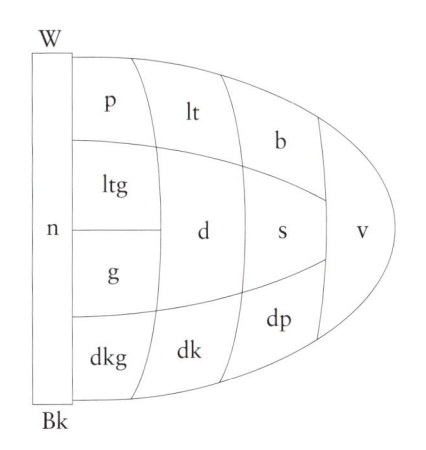

トーン名	英名	トーンの説明
ビビッド	vivid(v)	最も強くさえた色調
ストロング	strong(s)	強くさえた色調
ブライト	bright(b)	明るく澄んだ色調
ライト	light(lt)	明るく穏やかな色調
ペール	pale(p)	明るく淡く薄い色調
ライトグレイッシュ	light grayish(ltg)	明るい灰みの色調
グレイッシュ	grayish(g)	灰みの色調
ダル	dull(d)	鈍く穏やかな色調
ディープ	deep(dp)	深くて濃い色調
ダーク	dark(dk)	暗くて重い色調
ダークグレイッシュ	dark grayish(dkg)	暗い灰みの色調
ニュートラル	neutral(n)	白、灰、黒の無彩色調

4　色の効果

　ファッション・コーディネートやスタイリング、また様々なものにおける色の効果、役割は非常に強く大きい。特に心理的効果、視覚効果など、色によって商品の性格、特徴、流行を表現することができる。色の効果は、ファッションだけではなく、建築、インテリア、工業製品、都市環境、生活関連商品、生活環境、社会環境などにまで及ぶ。また、色は、自然の色、人工的な色、ハイテクな色、季節の色など様々な面を持ち、それぞれ特徴を持っている。

5　流行色とファッション情報

　ファッション情報としてのカラー情報は毎年、春夏、秋冬の2回、国際的な色彩機関である国際流行色委員会（インターカラー International Commission for Fashion and Textile Colors フランス、日本、ドイツ、スイス、イタリア、オーストラリア、中国、韓国などが加盟している）で決定される。インターカラーの選定色はファッションカラー情報としてはいちばん早く、最も権威のある情報である。日本では、日本流行色協会（JAFCA）が代表として参加する権利を持ち、ファッションカラーとしてはいちばん早く日本の国内向けにアレンジして加盟企業や団体に色の情報として伝達している。

　繊維、服飾などファッション関係から始まったこのカラー情報も、現在ではその時代の社会や国際環境からも影響を受け、色を予測、分析する場合もこれらの要因が重要になってくる。

6　色とイメージと心理的効果

　色には個性があり、感情があり、イメージがある。色の持つイメージは、コーディネートをするときの大切な要素になる。色に対する連想感情は人によって微妙に異なるが、一般的に見て感じ方は共通している点が多い。

「赤」
　太陽、炎、血、革命など強烈なエネルギー、情熱、力を連想させ、華やかで派手、豪華な効果を与える。しかし赤は強い色でインパクトがあるため全体とのバランスをとることが大切である。
　暖色系に属し、ウォームカラーである。

「ピンク」

　優しさ、繊細さ、甘い、ファンタスティックな世界で女性らしいイメージ。また、ベビーピンクなどは特に優しくふんわりとしたイメージが強かったが、最近では男性がピンクのシャツを着たり、白にピンクのストライプの柔らかい色合いをつかうようになった。従来、ピンクは女性の色というイメージであったが、その時代の流行によっては既成概念が通じなくなってきている。

「オレンジ」

　果物のオレンジ、南国の暖かい太陽を連想させるオレンジは活動的で躍動感にあふれている。コントラストの強い色であるため、素材やデザイン、また全体のバランスに注意する必要がある。赤と同様暖色系に属す。アダルトなオレンジは洗練され、格調高く、みやびで優雅な色である。デザインはシンプルにまとめたほうが無難。また、白、紺、黒などと合わせてコントラストをつけ、色の効果を上げることも大切である。

「茶色」

　土、岩、大地、自然の色で、日本古来の色でもある。安定性があり、年齢、性別、シーズンを問わず支持される。安心感、堅実、誠実さをイメージし、常につかわれるベーシックカラーで、あまり流行に左右されない色である。

「黄」

　派手、陽気、軽快感、温かさ、明るさなど華やかなイメージがある。3原色の中の色であるため、他の色と合わせて、ウォームトーンを作り出す色でもある。ゴールド系に属するので夜のフォーマルドレスにも豪華で華やかな雰囲気を作り出すことができる。またカジュアルにもスポーティにも様々な場面につかうことができるが、暖色系で膨張色であるため、色のバランスを考慮する必要がある。

第2章　色の知識と基本的な技術

「緑」

　森、林など自然の緑、鮮やかさ、安心感、清潔感、清涼感、安定感など心理的な効果がある。広大な大地、健康的、活動的など、春夏の季節のイメージにもなる。

　明度、彩度を落とすとモスグリーンの色は渋く落ち着いた色になり、彩度を上げると、明度の高いライトグリーンは、優しさ、さわやかさのある色に変化する。暖色と寒色の中間に位置する中性色である。

「青」

　海、空、宇宙など自然のイメージが強いベーシックカラーである。明度の高い淡いブルーから低いダークブルー、濃紺まで、クールカラーの代表で寒色系に属している。清潔、潔白など様々なイメージがあり、リクルートスーツ、企業、学校のユニフォームなどに最も無難で適切な色である。コーディネートするときも応用、活用範囲の広い色である。

「紫」

　古典、伝統、神秘的な色として日本古来の色でもある。特に古代においては高貴な人々が用い、一般庶民には用いられない色でもあった。高級感、グレードの高さと都会的なセンスも兼ね備えている。紫は中性寒色と中性暖色の間に位置する中性色で、組み合わせる色に同調する傾向にあるため、色の分量は配色を考え、明度、彩度のバランスをとることで、他の色と調和しやすく、効果のある色である。青紫は中性寒色に属し、赤紫は中性暖色に属す。

無彩色 ……「白」

　清潔、清純、純白、さわやか、クリーンなどのイメージがある白は、世界共通で好まれる色であり、ファッションにとどまらず様々な人種、性別、年齢を問わず共通してつかわれる色で、ベーシックカラーでもある。

　白は明るい色の代表であり、強さ、空間的な広さも効果的に出す色である。無彩色の中で明度の最も高い白はどの色とも調和し、洗練されたシックさも兼ね備えた色である。

無彩色 ……「グレー」

　無彩色の中でも中間に位置するグレーは、ベーシックカラーで色みを持たない色である。

　伝統的、保守的、安定感など心の安らぎを持つ反面、不安、暗い、寂しいなどの心理的イメージもある。無彩色特有のどの色とも調和し、全体の統一感を作り出す効果のある色でもある。

　男女、国籍を問わず、ユニフォームやビジネススーツ、軍隊のユニフォーム、フォーマルドレスなど公的な場面でもつかわれ、品格もあり、落ち着いた印象もある。

無彩色 ……「黒」

　漆黒、暗黒、尊厳、絶望などの反面、シック、品格、格式、伝統のイメージを持つ。また、冠婚葬祭の中でも「喪」の世界では悲しみを表わす心理的効果がある。

　黒は古代から格調、品位、伝統的、保守的なベーシックな場面において世界共通で用いられ、礼装用として公的な場面において用いられる。正礼装の燕尾服やタキシード、ブラックフォーマルなどに用いられる反面、1970年代の革新的なアバンギャルドなロンドン・パンクの世界や、'80年代の山本耀司や川久保玲のカラスルックやぼろルックはファッションの世界でも代表的なトレンドとして人々を圧倒した。

　ファッションに限らず、車、インテリア、建築などにベーシックにつかわれる色でもある。

第3章　戦後ファッション概観

　時代とともに変化するファッションの歴史は非常に興味深いものがある。特に1945年、第二次世界大戦に敗れ、混乱の極みにあった日本が繁栄と発展を遂げていった時代の流れとファッションには大きなかかわりがある。政治、経済、文化、生活環境、さらに、それに伴うファッション・ビジネスの変化など、ファッションの流れと対比しながら、戦後から現在までを解説していきたいと思う。

　和から洋の世界へと大きく変容した日本のファッションの流れは、他に類を見ないスピードでヨーロッパやアメリカに追いつき、大きく発展を遂げていった。

　繊維産業の台頭とそれに伴う基幹産業、経済の発展は目覚ましく、それに呼応するように世界的なデザイナーを輩出した。彼らは世界のファッション界に大きな影響を与える活躍をしている。

　21世紀の今日は、経済、政治、文化、ファッションも大きく変化している。世界的な不況により、世界経済は大きな岐路にさしかかり、その影響を受けて、ファッションの世界もラグジュアリーファッションからファストファッションへと変貌している。

　今後も世界経済と密接な関係にあるファッションの流れは、目が離せない状況といえるだろう。

1　1945〜1950年　着物の文化から洋服の文化へ（混乱期）

　第二次世界大戦は全世界を巻き込んだ戦争であった。日本は全面降伏、長かった戦争に終止符が打たれたのである。日本は衣食住すべてが欠乏した時期でもある。日本の社会は混乱の極に達し、アメリカの占領下にあり、日常生活物資は厳しい統制下にあった。当時の女性の衣服は着物を再利用したもんぺ姿で、男性は背広を再利用した国民服か復員服を着用した。日本は新しい社会の建設に向けて基礎固めの時代でもあり、経済の復興期でもあった。

　ファッション産業では、第一次産業の繊維産業が発展した時期でもある。一方、ヨーロッパにおいてはフランスのクリスチャン・ディオールによるニュールックが発表され、当時国交の回復していない日本にはアメリカを経由して伝わった。ニュールックは女性のエレガンスを最大限に表現したシルエットで、なだらかな肩から細いウエスト、豊かなヒップ、床上がり25センチのフレアのたっぷり入ったロングスカートは、衝撃的なラインとしてとらえられた。これによってパリのオートクチュールの威信をよみがえらせるという成果を挙げた。このニュールックに対する羨望がばねとなって、日本は未曾有の洋裁ブームが巻き起こった。

年代 要項			1945 (S20)	1946 (S21)	1947 (S22)	1948 (S23)	1949 (S24)	1950 (S25)
環境動向	動向		混乱期 ── 米軍占領期 ←── ベビーブーム ──→				竹馬経済	特需景気
環境動向	政治、経済、社会		●第二次世界大戦終結 ●ポツダム宣言受諾 ●婦人参政権 ●アメリカ占領軍 ●買出し	●天皇人間宣言 ●新旧円切替え ●第1次吉田内閣成立 ●極東軍事裁判開廷 ●日本国憲法公布 ●パーマネント復活 ●「装苑」復刊	●片山内閣成立 ●インフレ ●新憲法施行 ●婦人代議士出現 ●学校教育6・3・3・4制度発足	●スフを除いて衣料統制撤廃 ●芦田内閣成立 ●極東軍事裁判判決 ●第2次吉田内閣成立 ●帝銀事件	●第3次吉田内閣成立 ●1ドル360円 ●湯川博士ノーベル賞受賞 ●洋裁学校満員盛況 ●「ドレスメーキング」創刊	●朝鮮戦争勃発 ●衣料切符制無期限停止 ●糸ヘン景気 ●イギリス映画「赤い靴」シネモード
ファッション動向	動向				ニュールック	ライン時代	更生服	アメリカンスタイル全盛
ファッション動向	海外		●ピエール・バルマン独立 ●ミリタリールック	●パリ・コレクションに記者、バイヤーが再び出席	●ディオール独立（ニュールック発表）	●アメリカ繊維産業隆盛 ●ジグザグライン ●ビッグ・コート	●ディオール、アメリカで初のネクタイのライセンス契約採用	●カルダン独立 ●バーティカル・ライン（垂直ライン） ●オブリーク・ライン（斜めライン）
ファッション動向	国内		●男性－国民服、復員服 ●女性－もんぺ、更生服	●戦後初めてのファッションショー ●米進駐軍がミリタリールックをもたらす	●開衿シャツ、スカートに移行 ●アセテート出現	●日本化学繊維協会設立 ●日本デザイナーズクラブ結成 ●フレア、ギャザーのロングスカート ●男性－アロハシャツ、リーゼント	●ロングスカート全盛 ●スカーフのカチューシャ結び ●ソフトな布地出回る	●輸入ストッキング ●ドルマンスリーブ、ウィングカラー ●アワーグラス・スーツ ●ロングフレアスカート
代表的なファッション、主なデザイン			もんぺ	婦人警官	ニュールック クリスチャン・ディオール 1947春夏	アンボル・ライン クリスチャン・ディオール 1948春夏	トロンプルイユ クリスチャン・ディオール 1949秋冬	オブリーク・ライン クリスチャン・ディオール 1950秋冬
代表的なファッション、主なデザイン			●アワーグラス	●ボールド・ルック	●ニュールック ●コロル・ライン	●Sカーブ・ライン（ジグザグライン）	●スレンダー・ライン	●バーティカル・ライン ●オブリーク・ライン

2　1951〜1960年
特需景気　ライン時代（経済復興期）

　1951年9月、アメリカとの講和条約、日米安全保障条約に調印、翌1952年4月の同条約発効によって、日本は独立した。日本の経済は急速に復興を見せ、ことに繊維産業は目覚ましい発展を遂げた。

　当時の情報手段はラジオであったが、ファッション情報として多色刷りの雑誌が最も有効な手段であった。1946年に早くも復刊した「装苑」、1949年には「ドレスメーキング」が創刊され、アメリカからは「ハーパーズ・バザー」「アメリカン・ヴォーグ」「グラマー」「セブンティーン」などが輸入され、最新のパリ・モードが次々と紹介された。1953年、オートクチュール界の重鎮のクリスチャン・ディオールの一行が文化服装学院の招待で来日（ディオール本人は来日せず）、本場のパリのファッションを日本人の前に披露したことは、まさにその後の日本のファッションに大きな影響を及ぼしたのである。いったん堰を切ったパリ・モードの流入は以後、1954年のHライン、1955年のAライン、Yライン、1956年のアロー・ライン、マグネット・ラインなど、まさに洪水のように日本をおおった。また、海外のファッション雑誌とともに1953年から開始されたテレビ放送も大きな役割を果たした。

　1951年、朝鮮戦争の休戦会談が始められると繊維市場は大暴落し、これによって日本は深刻な経済不況に陥った。しかし、日本経済の復興に寄与した繊維産業に替わって電化ブームの波が起こり、1955年、「神武景気」と呼ばれる好況期を迎えた。3種の神器「洗濯機、掃除機、冷蔵庫」は人々の生活と心にゆとりを与えた。

　1956年、「装苑」の創刊20周年を記念して装苑賞が設けられた。この装苑賞は以後、日本の若いデザイナーの登竜門になり、コシノジュンコ、高田賢三、山本寛斎、山本耀司などデザイン界のニューリーダーを輩出していった。

　1957年、次々とアルファベットライン時代を築き、世界のファッション界に君臨してきたディオールがスピンドル・ラインを発表して旅先で肺炎のために世を去った。当時のデザイナーとしてはジヴァンシィ、バレンシアガ、シャネルなどの活躍も大きかったのである。ディオールの死後、この店の主任デザイナーに弱冠21歳のイヴ・サンローランが就任した。1958年、トラペーズ（台形）ラインの発表によって、彼はファッション界に華やかにデビューする。しかし、1960年に軍隊に召集され、同店を去ることになる。その後をマルク・ボアンが継承する。オートクチュール界はディオールを失い、パリの意向のままに動いていた各国のファッション界にとっては、自らの手でファッションを生み出していく絶好機でもあった。ライン時代を築いたディオールの死後、流行の主流は色彩に移行する。流行の主導権を握るデパートは、衣料の販売作戦としてそれぞれ自店の「特色」を打ち出し、カラーキャンペーンを展開した。

　1960年、池田内閣は「所得倍増計画」を打ち出し、日本は高度経済成長期へ突入することになる。

年代 要項		1951 (S26)	1952 (S27)	1953 (S28)	1954 (S29)	1955 (S30)	1956 (S31)	1957 (S32)	1958 (S33)	1959 (S34)	1960 (S35)
環境動向	動向	特需景気	特需景気止まる デフレ時代		経済成長期		神武景気（経済界好況） 大衆消費時代 → 神武景気時代 ───────────			なべ底景気 三種の神器時代 ──────────→		岩戸景気
	政治、経済、社会	●衣料品配給制完全撤廃 ●日米安全保障条約調印 ●洋裁学校2,400校36万人	●日米安全保障条約発効 ●デフレ経済 ●エリザベス女王即位 ●電気洗濯機売出し	●朝鮮休戦協定調印 ●NHKテレビ放送開始 ●スーパーマーケット1号店（紀ノ国屋）	●鳩山内閣 ●防衛庁、自衛隊発足 ●国際貿易振興協会発足 ●繊維業界の不況深刻化	●第2次、第3次鳩山内閣成立 ●アバンギャルド流行 ●映画全盛観客12億人	●石橋内閣「もはや戦後ではない」 ●日本国際連合に加入 ●太陽族 ●電化、テレビ	●岸内閣 ●南極観測隊 ●日ソ通商条約調印 ●三種の神器（電化ブーム）	●米人工衛星第1号打上げ成功 ●日ソ貿易協定 ●東京タワー完成	●メートル法実施（尺貫法廃止） ●皇太子御成婚 ●マイカー族	●池田内閣 ●デパートのカラーキャンペーン ●カラーテレビ本放送
ファッション動向	動向				ライン時代 ───────────		オートクチュールモード時代 細身のシルエット			ハイウエスト志向 ライン時代終わる	
	海外	●オーバル・（長円形）ライン ●ロング・ライン（スリム・ルック）	●ジヴァンシィ独立 ●ディオールの近代的経営方式（オートクチュール商法）脚光浴びる	●ジャック・エステレル開店 ●チューリップ・ライン	●シャネル、パリ・モード界にカムバック ●ミューグ・ライン、Hライン、リトルガール	●Aライン ●Yライン ●チュニック・スタイル全盛	●アロー・ライン ●マグネット・ライン ●パキャン閉店 ●ジヴァンシィ、シュミーズ・ドレス	●リバティ・ライン ●スピンドル・ライン ●ディオール死去、後継者サンローラン	●サンローラン第1回コレクション ●ベビードール（ニナ・リッチ） ●スタイリスト出始める	●シャネル・ルック ●シンプリシティ（サンローラン）	●仏オートクチュール店34店舗 ●サンローラン入隊 ●プリンセス・ライン
	国内	●米デュポン社よりナイロンの技術導入 ●戦後初のモデル募集 ●トランペットスカート	●ナイロンストッキング伝線修理繁昌 ●全国の職業モデル300名 ●紳士服ファッションショー	●国際羊毛事務局、日本流行色協会発足 ●プリンセス・ライン ●真知子巻き	●大丸百貨店、ディオール社と提携 ●男性ファッションモデル出現 ●シャツドレス	●日本繊維意匠センター設立 ●型紙初めて売り出される ●落下傘スタイル（ペチコート） ●スーツ流行	●装苑賞設けられる ●モードはフランス一辺倒 ●ファッションモデル500名	●国産ポリエステル生産開始 ●男性モデルグループ発足 ●国際コットンショー	●カルダン来日 ●サック・ドレス・ブーム ●ベビードール・ルック ●サンフォライズ加工	●ミッチー・スタイル ●ササール・コート（映画「三月生れ」） ●カーディガンスーツ（シャネル・ルック）	●高島屋、カルダンと提携 ●日本好景気で国際的マーケットへ ●コシノジュンコ最年少で装苑賞受賞
代表的なファッション、主なデザイン		ハイ・ウエスト クリスチャン・ディオール 1951 秋冬	プロフィール・ライン クリスチャン・ディオール 1952 春夏	チューリップ・ライン クリスチャン・ディオール 1953 春夏	Hライン クリスチャン・ディオール 1954 秋冬	Aライン クリスチャン・ディオール 1955 春夏	Yライン クリスチャン・ディオール 1955 秋冬	マグネット・ライン クリスチャン・ディオール 1956 秋冬	スピンドル・ライン クリスチャン・ディオール 1957 秋冬	トラペーズ・ライン クリスチャン・ディオール 1958 春夏	シャネル 1959 春夏
		●オーバル・ライン ●ロング・ライン	●スプール・ライン ●クラシック・ライン	●チューリップ・ライン ●エッフェル塔ライン	●シャネル・ライン ●Hライン	●Aライン ●Yライン ●チュニック・スタイル	●アロー・ライン ●マグネット・ライン	●スピンドル・ライン	●トラペーズ・ライン	●シャネル・ルック ●ミッチー・スタイル	●チャールストン・ルック ●1920年ルック

第3章 戦後ファッション概観

3　1961～1970年
経済高度成長期　マスプロ、マスセール

　1962年に発表されたシャーベットトーンに象徴されるように、合繊メーカー、化粧品、アクセサリー、さらに電気製品、自動車など衣料以外の業種まで合同して流行色の連合作戦、すなわちコーディネート作戦が展開された。その目的は、消費者の購買意欲をかき立て、マスプロ、マスセールを可能にすることにあった。すなわち近代的販売戦略の出発点であり、流行がメーカーによって作為的に創造され、イメージ、ムードが演出される成果をあげたのである。また、大手デパートがパリのデザイナーと契約を結び、パリ・モードを直接日本に導入した。パリのデザイン、パターン、縫製やカッティングの技術、素材の扱い、感覚などモードの真髄を学ぶチャンスをつかむためでもあった。1964年に開催された東京オリンピックは、東京の近代都市としての骨格を整備し、日本の威信をかけた大イベントでもあった。東京、大阪間を3時間で走る東海道新幹線が開通した。また名神高速道路の開通などによりモータリゼーションの幕開けを迎え、レジャー時代を背景に大きく飛躍を遂げたのである。このオリンピックは、カラーテレビを各家庭に導入する絶好のチャンスでもあった。

　1962年、古い歴史と伝統のロンドンの街角でメアリー・クワントによってミニスカートが提案された。1965年、モードの革新児アンドレ・クレージュはミニスカートをオートクチュールの世界で発表し、若者の世代に爆発的に受け入れられ、世界的な流行になっていった。ミニスカートは、パンティストッキングやカラーストッキング、ブーツ、アクセサリーなど様々なものを同時に流行させるという相乗効果を生み出したのである。

　合理性、機能性を優先する新しい技法は、新しい服装の造形への出発点であり、既製服産業の発展に大いに貢献した。機能主義を根本にすえたモダニズムを、モンドリアン・ルックとして展開したのがサンローランであった。彼らの作品の背景には、ビートルズに代表されるロックミュージックをも含めたポップアートをはじめとする前衛美術（アバンギャルド・アート）の隆盛があった。そして、この前衛芸術の主張する世界を生活の場で、また行動の上に体現していったのがヒッピーであった。ファッションは単に服飾を意味する言葉から発展して、時代を代表する思想であり、生活と行動のスタイルとなっていった。そしてヤング層に支持され、従来の社会的仕組みにまで影響を持つに至った。オートクチュール・ファッションからノンルール・ファッションであるカジュアル・ファッションが登場した背景がそこに見られる。日本では若いデザイナーがマンションの一室で個性のあるファッションを作り、小さいブティックで売るマンションメーカーが誕生するのである。それは新宿、原宿、渋谷、青山へと拡散していった。一方、若者が反体制運動を繰り広げ、学生運動を引き起こした。フランスでも5月革命が起こり、若者が同様に反体制運動を繰り広げた。

年代\n要項		1961\n(S36)	1962\n(S37)	1963\n(S38)	1964\n(S39)	1965\n(S40)	1966\n(S41)	1967\n(S42)	1968\n(S43)	1969\n(S44)	1970\n(S45)
環境動向	動向	株式大暴落\n消費革命 →	景気後退\nマスプロ、マスセール時代 →	高度成長ひずみ	オリンピック景気\nレジャー時代、高級化、多様化時代 →		物価上昇	高度経済成長\n脱工業化時代 →			大衆消費社会\n情報化時代
環境動向	政治、経済、社会	●ソ連人工衛星打上げ\n●米大統領にケネディ就任\n●インスタント・ブーム\n●「ミセス」創刊	●欧米間テレビ宇宙中継成功\n●貿易自由化88%\n●流通革命論	●米大統領ケネディ暗殺\n●ベトナム、スエズ紛争\n●米大統領にジョンソン就任	●東京オリンピック開催\n●東海道新幹線開通\n●映画「マイ・フェア・レディ」	●繊維業界の倒産目立つ\n●日韓基本条約調印\n●イエイエ（レナウン）	●中国文化大革命\n●全国百貨店販売1兆円台	●カナダ・モントリオール万博\n●海外旅行	●ポンド、フラン低落\n●仏5月革命\n●明治100年\n●いざなぎ景気	●アポロ11号月面着陸\n●東名高速道路開通	●大阪万博\n●公害問題深刻化\n●ジャンボ・ジェット\n●コンピューター時代\n●「アンアン」創刊
ファッション動向	動向	合繊メーカー（東レ、帝人）主導キャンペーン時代\nヤングファッション台頭		ヤング市場拡大		日本の既製服産業化進行\nアパレルメーカー台頭（モード大衆化時代幕開け）		ミニスカート、パンタロン共存時代\nヤングファッション全盛期			
ファッション動向	海外	●クレージュ独立\n●アシメトリー（カルダン）	●サンローラン独立\n●カルダン、オ・プランタン（パリの百貨店）にプレタポルテ出店\n●コーディネート・ルック	●シェレル独立\n●カルダン、紳士服プレタポルテ\n●パイプ・ライン\n●ドロップト・ショルダー\n●キモノ・スリーブ	●クレージュ、パンタロン発表\n●パリ・プレタポルテ見本市\n●キュロット流行	●クレージュ「ミニジューブ(スカート)」打ち出す\n●モード大衆化時代幕開け\n●モンドリアン・ルック（サンローラン）	●世界的なミニ旋風\n●パコ・ラバンヌ、プラスチック製ドレス発表	●パンタロン革命（サンローラン）\n●シティ・パンツ\n●サイケデリック\n●ユニセックス	●バレンシアガ、カスティヨ引退\n●ジャンプスーツ\n●アバンギャルドファッション	●チューブ・ライン\n●シュミーズ・ライン\n●ニュートルソーシルエット\n●ジーンズ、Tシャツ	●ニナ・リッチ死去\n●高田賢三、パリにジャングルジャップ開店\n●ホットパンツ
ファッション動向	国内	●シームレスストッキング出現\n●シャネル・ルック\n●チロリアンルック\n●セミスリーブシャツ	●高島屋、カルダンと提携（オートクチュール）\n●ペーズリー柄流行\n●バカンスルック	●プレタポルテ時代突入\n●服装のTPOキャンペーン\n●サンローラン初来日	●カルダン、文化服装学院の名誉教授\n●ディオール、カネボウと提携\n●パンタロン	●スラックス台頭\n●ニットウェア\n●白いブーツ\n●一枚仕立てのコート\n●VAN、JUN	●ミニスカート（膝頭上10cm）\n●モズルック\n●クリスタル・ルック\n●パンティストッキング登場	●ツイギー来日、本格的ミニ時代\n●コーディネート・ルック\n●コシノジュンコ「ブティック・コレット」オープン	●繊維品取扱表示制定\n●クレージュ来日\n●ブティック流行\n●ミニブーム\n●パンツ・スーツ	●パンツルック\n●ボディシャツ\n●サファリルック\n●ボディコンシャス\n●ユニチカ発足	●3M（ミニ、ミディ、マクシ）丈の多様化\n●フォークロアルック\n●三宅一生が三宅デザイン事務所設立
代表的なファッション、主なデザイン		ピエール・カルダン\n1961 春夏	ピエール・カルダン\n1962 春夏	ピエール・カルダン\n1963 春夏	ピエール・カルダン\n1964 秋冬	アンドレ・クレージュ\n1965 春夏	ピエール・カルダン\n1966 秋冬	ピエール・カルダン\n1967 春夏	ピエール・カルダン\n1968 秋冬	パコ・ラバンヌ\n1968 秋冬	アンドレ・クレージュ\n1969 春夏	イヴ・サンローラン\n1969 春夏	ジヴァンシィ\n1970 秋冬
代表的なファッション、主なデザイン		●サンレープリーツ\n●1930年ルック	●ロング&ソフト\n●チュニック・スタイル	●ナチュラル・ルック\n●スポーティブ・ルック	●シフト・ドレス\n●パンタロン・ルック	●モンドリアン・ルック\n●ミニスカート	●幾何学ライン\n●ミリタリー・ルック	●シティ・パンツ	●ペザントルック	●ジャンパードレス	●ロンゲット・スタイル\n●レイヤード・ルック

第3章 戦後ファッション概観

4　1971～1980年
経済低成長期　スタイリストの誕生（量から質へ）

　1970年は本格的な情報社会の幕開けであり、激動の時代といわれ、日本では大阪万博が開催された年でもある。威信をかけた万博は、戦後の日本経済が大きく発展していった姿を世界に見せる契機になったのである。

　アメリカのベトナム戦争への介入は世界的な不況を招き、1971年のドルショック、1973年にはオイルショックを引き起こした。若者のライフスタイルの変化は、従来の画一的ファッションから個性化多様化ファッションへと移行していった。アメリカの不況の影響を受けた日本は、深刻な不況期に突入する。日本のアパレルメーカーの倒産が相次ぎ、それまで大量に作り、安価に売っていた企業はファッション・ビジネスを真剣に模索するようになり、マーチャンダイザーやマーケティングというビジネス用語が出てきたのもこの頃である。アパレル企業は高性能志向、いわゆる本物志向の商品、すなわち「高品質」「高価格」「少量」「多品種」生産に転換したのである。

　あらゆる服装が既製品で間に合うようになり、実用性や経済性で物を選ぶのではなく、自分の美意識で選ぶ時代となったのである。それを提案する組合せ、表現する要素を持った雑誌「アンアン」「ノンノ」が創刊された。全ページカラー写真でカタログ的なこの雑誌の登場は、既製品を専門家の目で選び、コーディネートして見せるファッション誌の出現であり、商品の販売店舗、価格、職業としての「スタイリスト」、また専門の「ヘア・メイク・アーティスト」の誕生にもつながったのである。従来のファッション雑誌はいわゆる物作りが中心であったが、これらはどのような組合せでコーディネートするかを提案するための新しいファッション誌であった。

　1970年にパリにブティック「ジャングルジャップ」を開いた高田賢三は、以後、着実にその業績を伸ばし、イヴ・サンローラン、ソニア・リキエル、クロード・モンタナ、ティエリー・ミュグレーと肩を並べ、世界のファッション界に向けてリーダーシップを発揮する。日本の「和」とヨーロッパの「洋」をミックスし、楽しさとユーモア、若さあふれる独特のオリジナリティとイマジネーションは高く評価され、木綿の詩人、色の魔術師と呼ばれ、レイヤード・ファッションやビッグ・ファッションなどを発表、世界をリードするデザイナーとして揺るぎない地位を築いていった。一方、1971年にニューヨークで第1回のコレクションを開いた三宅一生も話題をまき、1973年よりパリ・コレクションに参加し、現在も世界的なデザイナーとして君臨している。また、1971年に山本寛斎がロンドンで音響とアクションが一体となったファッションショーを開いて成功を収める。1970年、コシノジュンコもパリ・ポルト・ド・ベルサイユ展に出品、以後パリ・コレクションに参加し、世界的なデザイナーとして注目される。1974年以降、山本寛斎、鳥居ユキ、菊池武夫など多くのデザイナーがパリ・コレクションをはじめ、海外で活躍し、注目を浴びるようになったのである。また、日本のファッション界で着実に成功を収めていた森英恵も1970年に「ハナエ・モリ・ニューヨーク」を創設、1972年にはロンドンに進出し、ドイツなど、ヨーロッパにセールスポイントを広げ、1977年にパリ・モンテーニュ通りにメゾンを設立した。次いで、パリ・クチュール組合に日本人として初めて加盟し、オートクチュールコレクションで活躍する。続々とファッションのニューリーダーが誕生、成長し、日本のファッション界はかつてない活況を呈したのである。

　女性の社会進出はファッションの世界でも影響を受け、サンローランのパンツ・ファッション、サファリ・ファッション、カルダンのコスモコール・ファッション（宇宙ルック）など、機能性と合理性を加味したファッションが若者に受け入れられていった。

	年代 要項		1971 (S46)	1972 (S47)	1973 (S48)	1974 (S49)	1975 (S50)	1976 (S51)	1977 (S52)	1978 (S53)	1979 (S54)	1980 (S55)
環境動向	動向		ドルショック　景気回復　オイルショック　経済低成長期、不況期　経済低成長期、構造不況期　経済安定成長　減速経済 ──→ 情報化時代 ──→ コンシューマーリズム時代 ──→ 第2次ベビーブーム、量から質への価値転換時代、必要消費時代 ──→										
	政治、経済、社会		●円の大幅切り上げ、ドルショック ●ベトナム反戦運動 ●「ノンノ」創刊	●沖縄復帰 ●田中内閣 ●日中国交正常化	●中東石油禁輸（オイルショック） ●ベトナム和平 ●狂乱物価 ●インフレ	●オイルショックによる世界的不況 ●経済成長率、戦後初のマイナス	●ベトナム戦争終結 ●エリザベス英女王夫妻来日 ●超インフレ	●米建国200年祭 ●戦後生れ人口の2分の1 ●シンプルライフ	●不況ムード ●円高不況 ●メーカー合理化進む ●省資源時代 ●企業倒産	●日中平和友好条約調印 ●成田国際空港開港 ●ディスコブーム	●東京サミット ●自動車輸出台数456万台 ●女性社会進出大	●モスクワ五輪不参加 ●9月イラン・イラク戦争勃発 ●竹の子族
ファッション動向	動向		ヤングファッション全盛時代　ライフスタイルマーチャンダイジング時代　意識志向マーケティング時代　マルチ・コーディネーション時代 ジーンズ登場　婦人既製服見本市盛大、パリ・プレタポルテコレクション開催　ファッション多様化　コーディネート・ルック時代　ゆとりの時代										
	海外		●シャネル死去 ●質素革命 ●自然志向 ●サファリ・スタイル ●アメリカンカジュアル全盛	●マリンルック ●カラフルシューズ ●スモック	●パリ・クチュール組合再編20店	●フォークロアルック ●バギーパンツ ●ジーンズのマルチ化 ●レトロ調	●オリエンタル ●スーパーレイアード	●仏、若いデザイナー進出 ●パリ・モード1世紀展 ●アールデコ展 ●チュニックスタイル	●トリミング・ミニ登場 ●バルーンシルエット ●英パンクロック旋風	●マルチレングス ●クロス・オーバーファッション ●フルスカート ●ニューレイアード ●フォークロア	●広い肩、袖、衿 ●宇宙的な光、ジオメトリックファッション	●本物志向 ●リアリティファッション ●ニュープレッピー ●モダンスポーツ
	国内		●シャツ、ジーンズ ●ホットパンツ ●フォークロア ●シャツスタイル	●新ロマン主義 ●フリッピースカート ●スポーティルック	●三宅一生パリ・プレタポルテ初参加 ●トレンチコート ●長いマフラー	●山本寛斎パリ・プレタポルテ初参加 ●レトロ志向 ●ロングスカート	●鳥居ユキ、パリ進出 ●多様化の中に本物志向 ●個性重視	●ビッグ・ルック進出 ●ウールジャージーのスカート、スーツ ●オーバーシャツ	●森英恵パリに出店 ●新進デザイナー6人組来日 ●マスキュリン	●健康産業進出 ●フォーマルウェア台頭 ●ブルゾン	●構築的ファッション ●シェープ・ファッション ●ストレート・ライン	●ダウンジャケット流行 ●ミニスカート定着 ●テクノポップ ●プリンセス・ライン
代表的なファッション、主なデザイン			ケンゾー 1971 秋冬	ケンゾー 1972 秋冬	ケンゾー 1973 秋冬	ケンゾー 1974 春夏	ケンゾー 1975 秋冬	ケンゾー 1976 秋冬	ケンゾー 1977 春夏	ケンゾー 1978 春夏	ティエリー・ミュグレー 1979 春夏	クロード・モンタナ 1980 春夏
			●サファリスタイル	●マリン・ルック ●パンタロン・ルック	●Tシャツ+バギー・パンツ	●ニットコーディネート ●フォークロア・ルック	●オリエンタル・フォーク	●ロシアン・ルック	●バルーン・シルエット ●スーパーレイアード・ルック	●クロスオーバー ●パイレーツ・ルック	●ストレート・ライン ●スリム・ライン	●ストレート・ライン ●プリンセス・ライン

第3章　戦後ファッション概観

5　1981〜1990年
バブル経済　DCブランド〜インポートブランド

　1980年代は、円高に支えられたバブル経済に突入する。1983年の日本経済は、アメリカの経済発展によって海外への輸出が急速に増大し、長期にわたる低迷から脱して経済が回復に向かっていく。

　一方、1983年は東京ディズニーランドが開園し、アミューズメント業界が急速な成長を始める。また、出版業界においては女性誌の好調に支えられた創刊ブームとなり、高い伸びを示した。

　価値観の個性化、多様化の時代を迎えた。1982年、黒の旋風を巻き起こした山本耀司と川久保玲がパリ・コレクションに参加し、「黒」「プアルック（ぼろルック）」を発表した。洋服の概念を根底から打ち破るこれらのファッションはぼろルック、乞食ルック、ヨーロッパでは黒の衝撃とも呼ばれ、最初は否定されたがその後、広く認識され、高く評価されるようになった。日本ではDCブランド（デザイナー＆キャラクター・ブランド）という言葉が広くつかわれるようになり、高田賢三、三宅一生、松田光弘、川久保玲、山本耀司ら日本を代表するデザイナーによるDCブランドが若い女性に人気を博し、ファッション専門店でコーディネート販売が始まった。成熟化した消費社会において、イメージで商品を売るという感性消費が主流になった時代でもある。

　三宅一生、川久保玲、山本耀司などのデザイナーはパリ・モード界に進出し、成功を収めた。ライフスタイルの多様化や景気が安定したことにより、海外旅行ブームが起こる。ファッション界でもシャネルやラルフ・ローレン、グッチ、アルマーニ、エルメス、ルイ・ヴィトンなどが人気となり、インポートブランドの時代を迎えた。1984年にフランスのデザイナー、アズディン・アライアがパリ・コレクションで体の線を強調したデザインを発表し、これ以後、バスト、ウエスト、ヒップを強調した「ボディコン（ボディコンシャス）・スタイル」が流行していった。

　1985年に東京ファッションデザイナー協議会（CFD）が設立され、毎年2回（春夏、秋冬）のコレクション発表により、東京はパリ、ミラノ、ロンドン、ニューヨークと並び、世界のファッション発信都市としてさらに飛躍を見せていく。1985年、山本耀司はオートクチュール的な「ニュー・クチュール」を発表して話題を集め、日本人デザイナーの高い才能を世界に広めた。

　1985年は、ナイロビで開催された「国連婦人の10年」世界会議で「2000年に向けた婦人の地位向上のための将来戦略」が採択され、女性の地位向上を妨げている障害を具体的に指摘し、女性問題と政治問題の不可分性を認識することで、南北世界の女性どうしの相互理解が大きく進展した。この動きは、日本の法体系にも変化をもたらした。日本政府は女性差別撤廃条約への対応を迫られ、女性問題を総合的に取り扱う機関の発足が促された。1985年に制定された男女雇用機会均等法は、募集、採用、配置、昇進の機会や取扱いを男女均等にするよう、努力義務を事業主に課し、よって基本的な教育訓練、福利厚生、定年、退職、解雇についても差別的扱いを禁止したのである。そして、女性が長期間働けるように育児休暇制度、再雇用措置などの努力義務も定められ、男女差別は少しずつ減少していった。

　1987年のアルマーニ、1988年のラルフ・ローレンなど欧米を代表する企業が次々と日本に進出した。その背景には、1985年のG5（先進5か国蔵相会議）プラザ合意による急激な円高と、この円高によるバブル経済や貿易摩擦解消のための輸入促進が国策化されたことによる輸入拡大への動きなどがある。年間の海外渡航者数も1982年の400万人から1990年には1000万人を突破するまでになった。さらに、消費者の海外ブランド品購入の加速にもつながり、女性誌を中心に海外のラグジュアリーブランド品が盛んに特集されるようになったのである。

年代 / 要項		1981 (S56)	1982 (S57)	1983 (S58)	1984 (S59)	1985 (S60)	1986 (S61)	1987 (S62)	1988 (S63)	1989 (S64-H1)	1990 (H2)
環境動向	動向	非成長経済期 → 高度選択時代、感性時代（感性消費）		経済安定成長		バブル経済					
環境動向	政治、経済、社会	●日米貿易摩擦深刻化 ●米大統領にレーガン就任	●脱工業化社会 ●人間性尊重 ●中曽根内閣成立 ●文化志向マーケティング	●米大統領レーガン来日 ●老人保健法施行 ●東京ディズニーランド開園	●ロサンジェルス五輪 ●スペースシャトル・ディスカバリー打上げ成功 ●日本の寿命、男女世界一に	●男女雇用機会均等法制定 ●日本の人口1億2105万人に	●チャールズ英皇太子とダイアナ妃来日 ●男女雇用機会均等法施行	●世界人口50億人突破 ●ニューヨーク株式市場大暴落（ブラックマンデー）	●ソビエト連邦ペレストロイカ ●イラン・イラク戦争停戦 ●「Hanako」創刊	●昭和天皇崩御 ●ベルリンの壁崩壊 ●フランス革命200年祭	●東西ドイツ統一 ●チリ民政復活 ●ナミビア独立
ファッション動向	動向	ニューモダニズム　　コンポーネントルック　　DCブランド―インポートブランド　　ラグジュアリーブランド全盛　　フェティッシュ・スタイル、カジュアル・スタイル時代									
ファッション動向	海外	●ファンタジー・ファッション ●ロマンティック・ファッション ●クラシック・ファッション	●セクシー・ライン ●バロック・ファッション ●装飾過剰ファッション ●ポスト・モダン	●カール・ラガーフェルドがシャネルのチーフデザイナーに就任	●ロンドンでパンクファッション注目拡大	●クリスチャン・ラクロワ流の色彩が熱狂的注目を集める	●ヘルムート・ラングがパリ・コレクションデビュー	●ルイ・ヴィトンとモエ・ヘネシー合併、LVMH誕生 ●エルメス創業150年	●ZARAがパリ、ニューヨーク進出 ●ルイ・ヴィトンとジバンシィ、クチュール合併合意	●ジャンニ・ヴェルサーチ・ジャパン設立 ●ルイ・フェロー来日 ●ディオールの新デザイナーにジャンフランコ・フェレ	●ラルフ・ローレン人気 ●ジョン・ガリアーノがパリ・コレクションデビュー ●イヴ・サンローラン来日
ファッション動向	国内	●ニューロマンティック ●パイレーツ・ファッション ●レッグウォーマー	●「装苑」大判になる ●デザイナーズ・ブランド	●毎日新聞が毎日ファッション大賞創設 ●ジバンシィ来日	●朝日新聞が東京国際コレクション開催	●東京ファッションデザイナー協議会(CFD)発足、太田伸之が初代事務局長	●DCブランド大ブーム ●お嬢様ルック ●ダイアナ・ファッション流行	●ロリータルック ●クチュール風ファッション	●ブランドの大衆化 ●渋カジ・ブーム ●ワイドパンツ流行	●Hanako族 ●CFD議長に太田伸之就任 ●'60年代調 ●ユナイテッド・アローズ設立	●バーニーズニューヨーク新宿店オープン ●東高現代美術館にて「三宅一生展―プリーツプリーズ」開催
代表的なファッション、主なデザイン		ヨウジ・ヤマモト 1981秋冬	コム・デ・ギャルソン 1982春夏	ヨウジ・ヤマモト 1983春夏	ジャンポール・ゴルチエ 1984秋冬	ジバンシィ 1985春夏	アズディン・アライア 1986春夏	イッセイ・ミヤケ 1987春夏	クリスチャン・ラクロワ 1988春夏	クリスチャン・ラクロワ 1989秋冬	コム・デ・ギャルソン 1990秋冬
代表的なファッション、主なデザイン		●ニューロマンティック ●エンパイア・ライン	●タイト・ライン ●Xライン	●ストレート・シルエット ●ぼろルック	●スリム・ライン ●アバンギャルド	●ストレート・シルエット ●ハイ・ウエスト	●ボディ・コンシャス ●スリム・ライン	●ミニ・スカート復活	●ストレート・シルエット ●カジュアル・スタイル	●フォークロア・ルック ●1960年代ルック	●カジュアル・スタイル

第3章　戦後ファッション概観

6 1991〜2000年
ラグジュアリーブランドの発展

　バブル経済崩壊後の1990年代は日本が平成大不況に陥り、15年余りその不況から脱出できない状態にあった。そして、男女雇用機会均等法は募集、採用の場面で機能不全を起こし、女子学生の就職は氷河期を迎えた。1991年には働く女性の支援策として育児休業法が成立し、性別を問わず、労働者に最長1年間の育児休暇が権利として認められ、少子高齢化が深刻な社会問題となる中、1995年に高齢者家族介護を含む育児介護休業法に改定された。このように、国連の国際婦人会議や行動計画、女性差別撤廃法、少子化問題などの影響を受けて、女性問題は'90年代に少しずつ改善の方向に向かいはじめたが、今なお女性の労働権は男性と同じように保障されているとはいえない。

　一方、'90年代に続いた長期間の不況に若者たちは正社員としての道を狭められ、パートタイマー、フリーター、アルバイターなどとして働いたが、簡単に収入を得ることは難しくなり、若者は次第にファッションにお金をかけなくなっていく。海外からの貧乏風なグランジ・ルックは、当時の日本の若者のカジュアルなスタイルとして流行し、その後、1992年から'94年頃にはフレンチ・カジュアルの中でも特に人気のあったシンプルなデザインを特徴とするフランスのブランド、アニエス・ベーが日本の若者に支持されていったのである。

　パリで生まれたセレクトショップが、日本では1990年頃から進出しはじめた。セレクトショップは様々なブランドを取り扱う店を指し、女性誌などの媒体を通じて広く認識されるようになる。1990年代の日本の百貨店は画一的な販売方法で、どの店にも同じようなブランドが入っていたため、客足も徐々に落ち、大型百貨店のファッション販売が急激に衰退していった。ザ・ギンザ、バーニーズ・ニューヨーク、ユナイテッド・アローズなどが、ジャンポール・ゴルチエやマルタン・マルジェラ、アン・ドゥムルメステール、アレキサンダー・マックィーン、ジョン・ガリアーノ、プラダといった名だたるブランドを取り扱うようになる。ファッション界は常に変動を繰り返していくが、日本ではヨーロッパのブランドブームが加速し、百貨店を中心に銀座、原宿、六本木、丸の内などから全国へと拡張を続けていく。

　1990年代は物や情報があふれ、'50年代、'60年代、'70年代、'80年代に流行したトレンドが現代風にアレンジされて一時的なブームとなる「リバイバルファッション」が短いサイクルで出現した。'80年代は女子大生ブーム、'90年代は女子高生ブーム、コギャルなどが渋谷や原宿に出現し、メディアでも多く取り上げられ、一種の社会現象にまで発展した。

年代 要項			1991 (H3)	1992 (H4)	1993 (H5)	1994 (H6)	1995 (H7)	1996 (H8)	1997 (H9)	1998 (H10)	1999 (H11)	2000 (H12)
環境動向	動向		バブル経済崩壊 ──→ 必要選択時代（生活創造消費時代）				経済停滞期 ───────────────────────────────────→					
	政治、経済、社会		●ソ連邦崩壊 ●バブル崩壊 ●湾岸戦争勃発	●バルセロナ五輪	●欧州連合（EU）発足 ●通信販売での購買増加	●英仏海峡トンネル開通	●WTO発足 ●PL法施行 ●第二次世界大戦終戦50年	●アトランタ五輪 ●母体保護法施行	●鄧小平死去 ●香港がイギリスから返還 ●消費税5%	●長野五輪 ●香港国際空港開港	●アムステルダム条約発効 ●郵便番号7桁化 ●男女共同参画社会基本法成立	●ロシア大統領にプーチン就任 ●コンコルド墜落事故
ファッション動向	動向		フェティッシュ・スタイル カジュアル・スタイル時代			脱構築ファッション	ニューモード		インポートブランドブーム		SPA業態開始	
	海外		●ジヴァンシィ40周年 ●ヴァレンティノ30周年	●ミュグレーがオートクチュール進出	●渡辺淳弥がジュンヤワタナベコム・デ・ギャルソンでパリ・コレクションデビュー	●ピエール・カルダン子ども服が中国に登場	●ジヴァンシィがオートクチュール引退 ●'50年代ハリウッド・シネマモード	●ジョン・ガリアーノがジヴァンシィの創作ディレクターに就任	●ヴェルサーチ死去 ●マイケル・コースがセリーヌのデザイナーに就任	●ガリアーノがディオール創作ディレクターに就任	●高田賢三引退	●モダニズム ●コム・デ・ギャルソン期間限定ショップを欧州で展開
	国内		●エコロジーブーム ●神戸ファッション協会発足	●ヨーロッパブランド人気 ●ブランド適正価格が進む ●コギャル	●プレタポルテ系ブランド復活 ●三宅一生、フランス政府からレジョン・ドヌール勲章受章	●スーパーモデル現象 ●インポートブーム	●シャネラー、グッチャー現象 ●プラダ・ブーム	●ロリータ・ファッション ●森英恵、文化勲章受章	●アニメ、漫画人気 ●コム・デ・ギャルソンがマルタン・マルジェラとジョイントショー	●ルイ・ヴィトン大阪店オープン ●ビームス新宿店オープン	●ユニバーサルファッションに注目 ●ルイ・ヴィトン福岡、名古屋店オープン	●ルイ・ヴィトン銀座店オープン ●ロリータ・ファッション
代表的なファッション、主なデザイン			シャネル 1991 秋冬	クリスチャン・ディオール 1992 秋冬	イッセイ・ミヤケ 1993 春夏	ヨウジ・ヤマモト 1994 秋冬	イッセイ・ミヤケ 1995 春夏	イッセイ・ミヤケ 1996 秋冬	コム・デ・ギャルソン 1997 春夏	コム・デ・ギャルソン 1998 秋冬	フセイン・チャラヤン 1999 春夏	ジョン・ガリアーノ 2000 秋冬
			●カジュアル・スタイル ●エスニック・スタイル	●フィット&フレア ●スリム・シルエット	●エスニック・スタイル	●ストレート・シルエット ●グランジファッション	●ストレート・シルエット	●フォークロア・ルック	●ニット・スタイル ●スリム・シルエット	●Aライン ●フィット&フレア	●ミニ・ルック	●ロマンティック・スタイル ●ミニ・ルック

第 3 章　戦後ファッション概観

7　2001〜2010年
国際的な不況の時代　ファストファッション　アジアの時代

　2000年代に入ると、東京の銀座や青山に海外の高級ブランドの出店が相次ぎ、セレブ・ファッションが流行し、テレビや雑誌にセレブという言葉が盛んに登場するようになる。このセレブ人気が1980年代をしのぐ海外ブランドブーム、ラグジュアリーブランドブームへとつながり、海外では一部の特権階級しか持たないようなエルメス、グッチ、シャネル、ルイ・ヴィトンなどの高級品を、日本の若者があたりまえのように身につけることが珍しくなくなってきた。海外旅行ブームによる海外ブランド品購入が加速した日本では、バブル景気がはじけた後もブランドブームに支えられ、銀座並木通り、表参道、丸の内仲通りをはじめ、各地の主要都市にラグジュアリーブランドの直営店が誕生していったのである。2002年にはルイ・ヴィトン表参道ビルがオープンし、ショップのフロアの他にも多目的スペースや顧客向けサロンを備えた総合ビルとして話題を集めた。

　情報社会が進む中、インターネット販売も世界的な市場となっていく。一方、1990年代のSPA（製造小売業）型アパレル企業にはじまり、2000年以降はファストファッションに注目が集まっている。ファストファッションとは、最新の流行をデザインに取り入れながら大量生産し、低価格の商品を短期間で納品し、販売するファッションである。また、より価格を抑えるために、ユニクロのようにSPAの形態を取り入れているブランドも多い。常に最新のファッションを提供し、安くてデザイン性も高くファッショナブルで、種類も豊富なZARAやH&M、トップショップなどは、日本でも若者を中心に圧倒的な人気を持つ海外ブランドとなった。東京の原宿や銀座には欧米のZARAやH&M、フォーエバー21などが相次いで出店し、若者を中心とした多くの人々が連日のように店を訪れている。これらのブランドはユニクロやGAPなどと同様に、ファストファッションを代表するブランドとして、今後の発展が注目される。

　21世紀の市場経済は、世界的に拡大し、生産や情報の国際化が進み、資金や資源、人や技術などの生産要素が国境を越えて移動し、貿易も大きく発展することによって各国経済の開放体制と世界経済の統合化が進む、いわばグローバリゼーションが大きな流れとなっている。その代表的なものは欧州連合（EU）の出現である。これにより、貿易障害を撤廃し、2002年からは12か国で統一通貨ユーロが流通された（2011年1月1日現在17か国）。また、中国とインドも世界経済において目覚ましい発展を続けており、世界のファッション業界もそれらの国に生産工場の拠点を移すなど、各界にも影響を及ぼしている。また、日本のユニクロも世界戦略を掲げ、国内はもとよりアメリカ、イギリス、中国などに進出、多店舗展開で膨大な利益をあげている。

　2005年、第1回東京ガールズコレクション（TGC）が開催され、参加者1万人を集めた。そして、2007年の第4回では、第1回を上回る2万人以上の参加者を集め、国内外で話題となった。TGCは日本最大級の消費者参加型ファッションフェスタであり、希望者が携帯電話で有料チケットを購入し、ランウェーでモデルが着用した服をその場で携帯電話で注文し、購入することができる画期的なシステムを導入したものである。今や日本もファッションを世界へ発信するまでになり、評価が高まっていることがうかがえる。

　また、SPAやファストファッションが低価格で高利益を獲得している一方で、2010年春夏のパリ・コレクションやニューヨーク・コレクションなどでは、原点回帰、あるいは本物志向を強調したラグジュアリーブランドならではの卓越した技法やデザイン表現を強く打ち出す傾向が見られた。

年代 要項			2001 (H13)	2002 (H14)	2003 (H15)	2004 (H16)	2005 (H17)	2006 (H18)	2007 (H19)	2008 (H20)	2009 (H21)	2010 (H22)
環境動向	政治、経済、社会	動向								リーマン・ショック 世界的な不況 中国市場の発展		
		政治、経済、社会	●米同時多発テロ9.11 ●小泉内閣	●ユーロ紙幣・硬貨流通 ●アフリカ連合発足 ●UFJ銀行誕生	●イラク戦争開戦 ●郵政事業庁が日本郵政公社に	●欧州連合25か国に ●アテネ五輪 ●スマトラ島沖地震	●ベトナム戦争終結30年	●モンテネグロが国際連合に加盟 ●アメリカ合衆国人口3億人突破	●欧州連合27か国に ●スロヴェニアがユーロ導入 ●南京大虐殺70周年	●中国台頭 ●北京五輪 ●麻生内閣 ●イージス艦衝突事故	●民主党鳩山内閣 ●米大統領にバラク・オバマ就任	●菅内閣誕生 ●FIFAワールドカップ南アフリカ大会 ●上海万博
ファッション動向		動向	セレブ人気時代			偽ブランド品急増			ファストファッション		ラグジュアリー志向	
	海外		●フェンディがLVMHの傘下に	●イヴ・サンローラン引退、オートクチュール閉鎖	●アジアファッション連合会(AFF)発足(日本、中国、韓国)	●トム・フォードがグッチ辞任 ●ゴルチエがエルメスのデザイナー就任	●LVMHがクリスチャン・ラクロワを売却 ●北京でヴィトンの店がオープン	●パリでジャパン・エキスポ開催 ●トム・フォード、ニューヨークに出店	●北京で東京ガールズコレクション(TGC)開催	●ロエベのクリエイティブ・ディレクターにスチュアート・ヴィヴァース就任	●長野県で「ルイ・ヴィトンの森」プロジェクト発足	●アレキサンダー・マックイーン死去 ●ユニクロ、上海に世界最大規模店
	国内		●銀座にエルメスがオープン	●世界最大規模のルイ・ヴィトン表参道ビルがオープン	●カジュアル・ファッション ●六本木ヒルズオープン	●インポート・ブランドブーム ●セレブ・ファッション	●第1回東京ガールズコレクション開催で1万人集客	●エスニック・ファッション	●第4回東京ガールズコレクション開催で2万人以上集客	●H&M原宿進出	●フォーエバー21原宿進出	●カワイイ・ファッション人気 ●三宅一生が文化勲章受章
代表的なファッション、主なデザイン			ヴィクター&ロルフ 2001 秋冬 ●アバンギャルド・スタイル	クリスチャン・ディオール 2002 秋冬 ●ビッグ・シルエット ●トルソー・ライン	マルタン・マルジェラ 2003 秋冬 ●ストレート・シルエット ●スリム・ライン	ヴィヴィアン・ウエストウッドゴールドレーベル 2004 秋冬 ●スリム・ライン ●エスニック・スタイル	シャネル 2005 春夏 ●ストレート・シルエット ●プリンセス・ライン	ジョルジオ・アルマーニ 2006 春夏 ●エンパイア・シルエット ●Xライン	コム・デ・ギャルソン 2007 秋冬 ●バルーン・シルエット ●スピンドル・ライン	クリスチャン・ディオール 2008 春夏 ●マーメイド・ライン	コム・デ・ギャルソン 2009 秋冬 ●Iライン ●フィット&フレア	ヨウジ・ヤマモト 2010 春夏 ●スリム・ライン ●フィット&フレア

第4章　ファッション・コーディネート技術の必要性

　画一時代から個性化、多様化の時代、さらには成熟社会の時代になり、人々のライフステージも様々に変化してきた。ファッションの世界もますます広がりを持ち、ハイクオリティなライフステージへと変容している。単に衣服を着る、装うだけではなく、自らを楽しむ、個性を演出する時代でもある。よって、ファッション・コーディネートとは、服飾の着装法だけではなく、生活全般の様々な商品との組合せを指すようになった。

　このように、衣服だけでなく、生活関連商品とのトータルコーディネートが重要となっている今、社会情勢、生活者の変化や商品の動きなどに常に目を向け、それらを理解したうえでのコーディネートを提案できるように、研鑽を積むことが大切である。

1　ファッション・コーディネートの基本原理

　ファッション・コーディネートの基本原理は2種類以上のものを「組み合わせ」、「調整」「統合」することで、組合せの可能性の追求であり、広がりである。ファッションは単に服だけではなく、インテリア、アクセサリー、音楽、生活空間、文化、社会など様々なものとバランスよく組み合わせ、トータルコーディネートして全体の総合美を作り出すことである。コーディネート技術は基本的に6種類ある。
① 色の組合せによるコーディネート
② 素材の組合せによるコーディネート
③ イメージの組合せによるコーディネート
④ ライフスタイルによるコーディネート

　そのほかに⑤関連商品（アクセサリーなど）の組合せによるコーディネート、⑥デザイン、スタイルによるコーディネートなどがある。これらのコーディネートは付加価値をつけるコーディネートになるので、商品知識、色、素材、流行などを加味しながら様々なコーディネートにチャレンジすることが大切である。

2 コーディネート表 ファッション・コーディネートの5W3H

誰が (Who)	Time いつ (When)	何を (What)
年齢、性別、職業、職種 ライフスタイル	シーズン（春夏秋冬） 日時（平日、休日、祝日） 天候（晴、雨、曇、雪） 休暇（春休み、夏休み、冬休み、ゴールデンウィーク、リフレッシュ休暇）	**衣服** コート、ワンピース、ジャケット、シャツ、ブラウス、セーター、Tシャツ、ベスト、スカート、パンツ、ジャンパースカートなど
	Place どこで (Where) 海外（ヨーロッパ、アメリカ、アジア） 日本国内（京都、奈良、関西、北海道、九州、沖縄） ホテル、学校、デパート、劇場	
	Occasion 場面 (Why) 結婚式、祝賀会、レセプション、葬式、パーティ、入学式、入社式、卒業式、創立記念式典、会議、海外旅行、ショッピング、ジョギング	**アクセサリー** バッグ、スカーフ、ネックレス、ブレスレット、靴、イアリング、ベルト、ジュエリー、帽子、サングラス、手袋、傘、ボタンなど

	How Much（価格）	How To Coordinate（組合せ）	How Long（期間）
コーディネート技術 カラーによる 素材による イメージによる ライフスタイルによる 関連商品の組合せによる （アクセサリー） デザイン、スタイルによる	**用途別** オフィスウェア キャンパスウェア フォーマルウェア タウンウェア スポーツウェア トラベルウェア リゾートウェア レジャーウェア ホームウェア ソシアルウェア	**ファッション感覚別** クラシック モダン マニッシュ スポーティブ アバンギャルド エスニック フェミニン エレガント	**シルエット別** Aライン、Xライン Yライン、Hライン トラペーズライン アローライン マグネットライン スピンドルライン バレルライン バルーンライン トランペットライン マーメイドライン ストレートライン

3　ファッション・コーディネートの技術

（1）色の組合せによるコーディネート

ズッカ
2010-11 AW

フィリップ・リム
2010 SS

ヴァレンティノ
2010-11 AW

① ハーモニーカラー・コーディネート
Harmony Color Coordinate

ハーモニーカラー・コーディネートとは「調和配色」のことをいい、同系色や同色、同一色相で明度や彩度の異なる配色などがある。

この配色の特徴は、統一感があり、落ち着いた上品でシンプルな調和のとれた配色である。反面、色相によるまとまりが強く、変化に乏しく、無難な配色になりやすいため、おもしろみに欠ける。そこで、デザインや素材などで変化をつけることが望ましい。

ファクトタム
2010 SS

アトウ
2009-10AW

リック・オウエンス
2010-11 AW

② セパレーションカラー・コーディネート
Separation Color Coordinate

セパレーションカラー・コーディネートとは「分離配色」のことをいい、配色の中間にセパレーション（分離）カラーをはめ込む配置である。それによって新たな調和が生まれ、それぞれの色を引き立てる効果がある。例えば、対照配色や補色配色のように、強い色どうしの配色の場合、両方の色の間に無彩色の白やグレーなどをはさんで調和をとることである。この配色の特徴は、配色にインパクトを与え、新たな表情を生み出すことである。

バルマン
2010-11 AW

ジル・サンダー
2009-10 AW

セリーヌ
2009 SS

③ アクセントカラー・コーディネート
Accent Color Coordinate

アクセントカラー・コーディネートとは「強調配色」のことで、単色または同系色の配色の一部にスポット的に入れる配色をいう。

例えば、無彩色の黒のドレスに真紅のバラをアクセントにつけると、エキサイティングなポイントにもなる。

この配色の特徴は、単調な色調や、複雑な色調にアクセントカラーを入れることによって、目をそこに引きつけ、全体が引きしまることである。

④ マルチカラー・コーディネート
　Multi-Color Coordinate

　マルチカラー・コーディネートとは「多色配色」のことをいい、例えば、多色づかいの花柄、動物柄、チェック柄、ドット柄、ストライプ柄どうしの組合せなどがある。この配色の特徴は、鮮やかな色の組合せならエキサイティングな雰囲気が出せ、淡いやわらかい色の組合せなら穏やかで落ち着いた雰囲気になる。

　色のトーンを合わせると、まとまった印象になり、色を抑える効果がある。しかし、色数が多くなるほど高度なテクニックが必要となる。

⑤ コントラストカラー・コーディネート
　Contrast Color Coordinate

　コントラストカラー・コーディネートとは「対照配色」のことで、対照的な性質を持つ色どうしの配色をいう。この配色の特徴は、躍動感、明快感があり、強烈なインパクトを与える。反面、色が反発し合い、不調和感がある。そのため、主調色とバランスをとる色の割合を8対2、あるいは7対3にすることが望ましい。濃い色と淡い色、明るい色と暗い色、暖色と寒色の組合せなど、明快な感じを表現し、強烈な効果、派手で活発な変化に富んだ配色感が得られる。

⑥ グラデーションカラー・コーディネート
　Gradation Color Coordinate

　グラデーションカラー・コーディネートとは「階調配色」のことで、色を段階的に組ませていく配色をいう。色相、明度、彩度における階調がある。

　この配色の特徴は、段階的に色が変化するので視線を誘導し、リズム感を生むことである。華やかさ、躍動感があるため、スポーツ、レジャーなどに効果的。トーンのグラデーション、明度のグラデーションは視線の動きを伴い、明快感が表現される。

メアリー・カトランズ
2010 SS

コム・デ・ギャルソン
2010 SS

ヴィヴィアン・
ウェストウッド マン
2009-10 AW

ラフ・シモンズ
2009-10 AW

セリーヌ
2010 SS

ヴェロニク・ルロワ
2010-11 AW

ブルマリン
2010 SS

カレン・ウォーカー
2010 SS

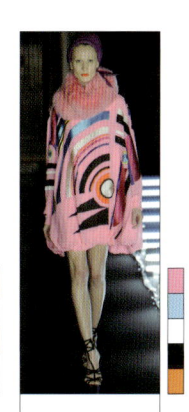

ジュンコ・シマダ
2010-11 AW

(2) 素材の組合せによるコーディネート

素材の原料となる繊維は、大きく天然繊維と化学繊維に分けられる。さらに、素材には織物組織と編物組織とがあり、それらの分類は下表のようになる。現代は素材開発が進み、様々な繊維が生み出されているが、ここでは素材の組合せによる基本的なコーディネートを取り上げた。

■繊維の分類

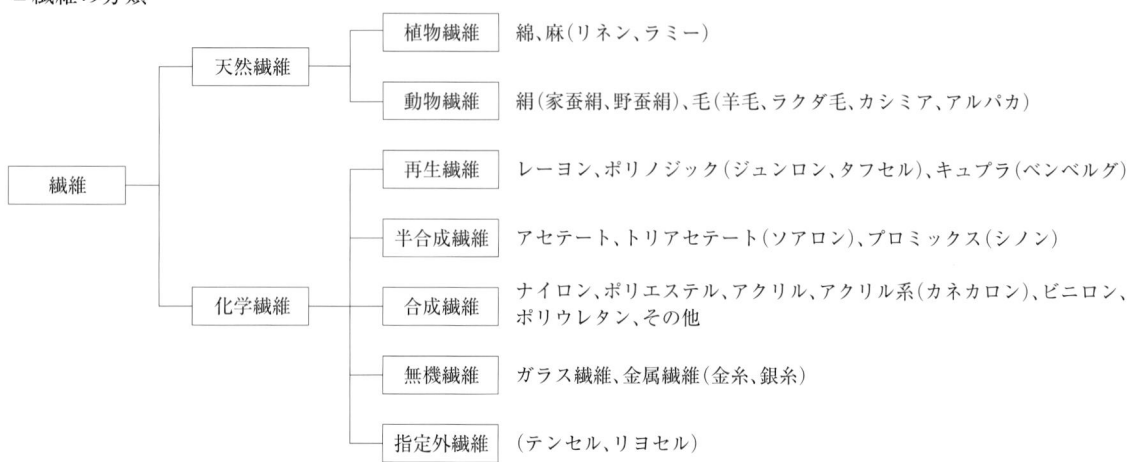

- 繊維
  - 天然繊維
    - 植物繊維：綿、麻(リネン、ラミー)
    - 動物繊維：絹(家蚕絹、野蚕絹)、毛(羊毛、ラクダ毛、カシミア、アルパカ)
  - 化学繊維
    - 再生繊維：レーヨン、ポリノジック(ジュンロン、タフセル)、キュプラ(ベンベルグ)
    - 半合成繊維：アセテート、トリアセテート(ソアロン)、プロミックス(シノン)
    - 合成繊維：ナイロン、ポリエステル、アクリル、アクリル系(カネカロン)、ビニロン、ポリウレタン、その他
    - 無機繊維：ガラス繊維、金属繊維(金糸、銀糸)
    - 指定外繊維：(テンセル、リヨセル)

■主な織物組織の分類

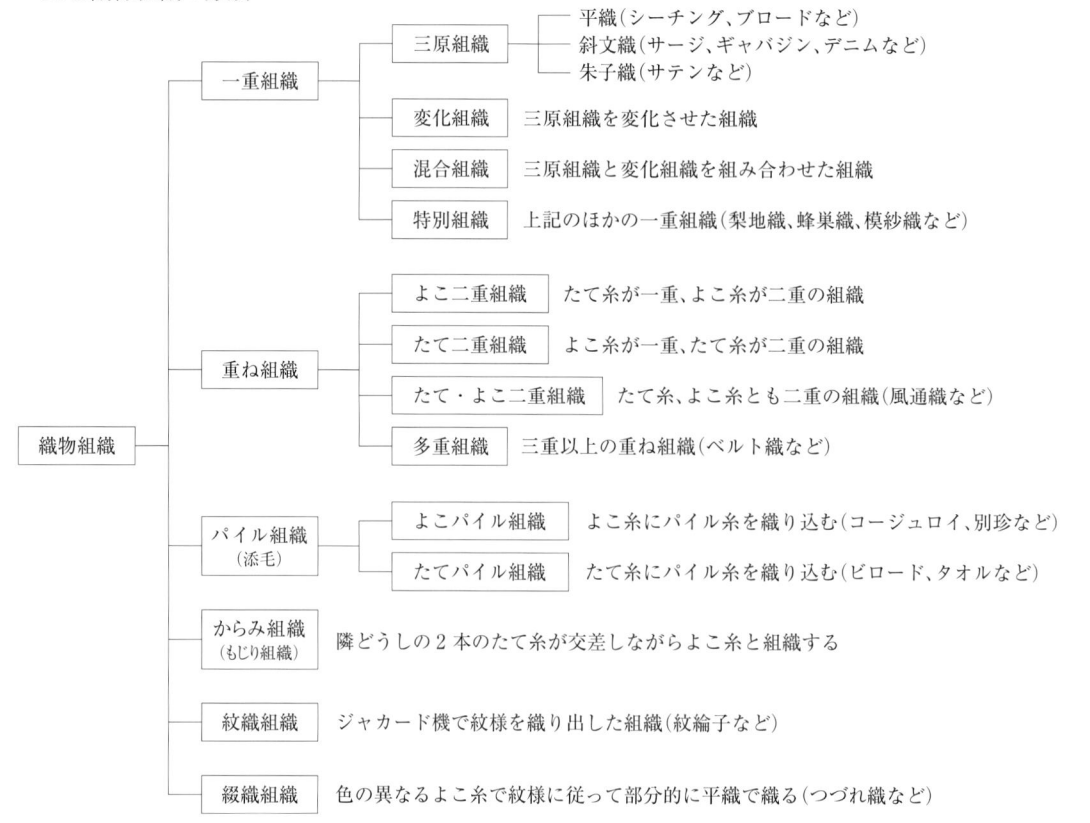

- 織物組織
  - 一重組織
    - 三原組織
      - 平織(シーチング、ブロードなど)
      - 斜文織(サージ、ギャバジン、デニムなど)
      - 朱子織(サテンなど)
    - 変化組織：三原組織を変化させた組織
    - 混合組織：三原組織と変化組織を組み合わせた組織
    - 特別組織：上記のほかの一重組織(梨地織、蜂巣織、模紗織など)
  - 重ね組織
    - よこ二重組織：たて糸が一重、よこ糸が二重の組織
    - たて二重組織：よこ糸が一重、たて糸が二重の組織
    - たて・よこ二重組織：たて糸、よこ糸とも二重の組織(風通織など)
    - 多重組織：三重以上の重ね組織(ベルト織など)
  - パイル組織(添毛)
    - よこパイル組織：よこ糸にパイル糸を織り込む(コージュロイ、別珍など)
    - たてパイル組織：たて糸にパイル糸を織り込む(ビロード、タオルなど)
  - からみ組織(もじり組織)：隣どうしの2本のたて糸が交差しながらよこ糸と組織する
  - 紋織組織：ジャカード機で紋様を織り出した組織(紋綸子など)
  - 綴織組織：色の異なるよこ糸で紋様に従って部分的に平織で織る(つづれ織など)

■ 主な編物組織の分類

```
編物組織 ─┬─ よこ編み ─┬─ 基本組織 ─┬─ 平編み（天竺）
         │            │            ├─ ゴム編み（リブ）
         │            │            └─ パール編み（リンクス編み）
         │            └─ 変化組織 ─┬─ タック編み
         │                         ├─ 浮き編み
         │                         ├─ レース編み
         │                         ├─ パイル（添毛）編み
         │                         └─ その他
         └─ たて編み ─┬─ 基本組織 ─┬─ デンビー編み（トリコット）
                      │            ├─ アトラス編み
                      │            └─ コード編み
                      └─ 変化組織 ─┬─ 二重デンビー編み
                                   ├─ 二重アトラス編み
                                   ├─ 二重コード編み
                                   ├─ ミラニーズ編み
                                   ├─ ラッセル編み
                                   └─ その他
```

コム・デ・ギャルソン 2009 SS
ヨウジ・ヤマモト 2010-11 AW 
ハイダー・アッカーマン 2010-11 AW 

① ファブリック・コーディネート
　Fabric Coordinate

　ファブリック・コーディネートとは同素材どうしの組合せのことで、素材（マテリアル）に視点をおいたコーディネートをいう。

　このコーディネートの特徴は、同素材、同色を使うことでまとまりやすく統一感が生まれ、落ち着いた雰囲気になるが、変化に乏しい面もある。

　色相、デザインなどで変化をつけ、効果的にコーディネートすることが大切である。

シャネル 2010-11 AW
ニナ・リッチ 2009-10 AW 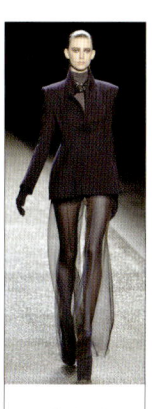
ビーチョ＋クレイバーグ 2009-10 AW

② テクスチャー・コーディネート
　Texture Coordinate

　テクスチャー・コーディネートとは異素材どうしの組合せのことで、素材のテクスチャー（感触、硬軟、光沢、密度、透明感、弾力などの風合いをいう）に視点をおき、異なるものを組み合わせることによって、意外な魅力を引き出すコーディネートをいう。

　このコーディネートの特徴は、意外な組合せで新鮮さ、個性を打ち出し、組合せの幅を広げることができることである。

第4章　ファッション・コーディネート技術の必要性

（3）イメージの組合せによるコーディネート

コーディネートをする場合、ファッションのイメージは、人それぞれの心に映る映像のようなものである。頭の中や心の中に無限に蓄積されているものを、テーマやキーワードにそって、デザイン、素材、カラー、ライフスタイル、時代、社会などの様々な視点から複合的にとらえることにより、イメージの幅を広げることができる。

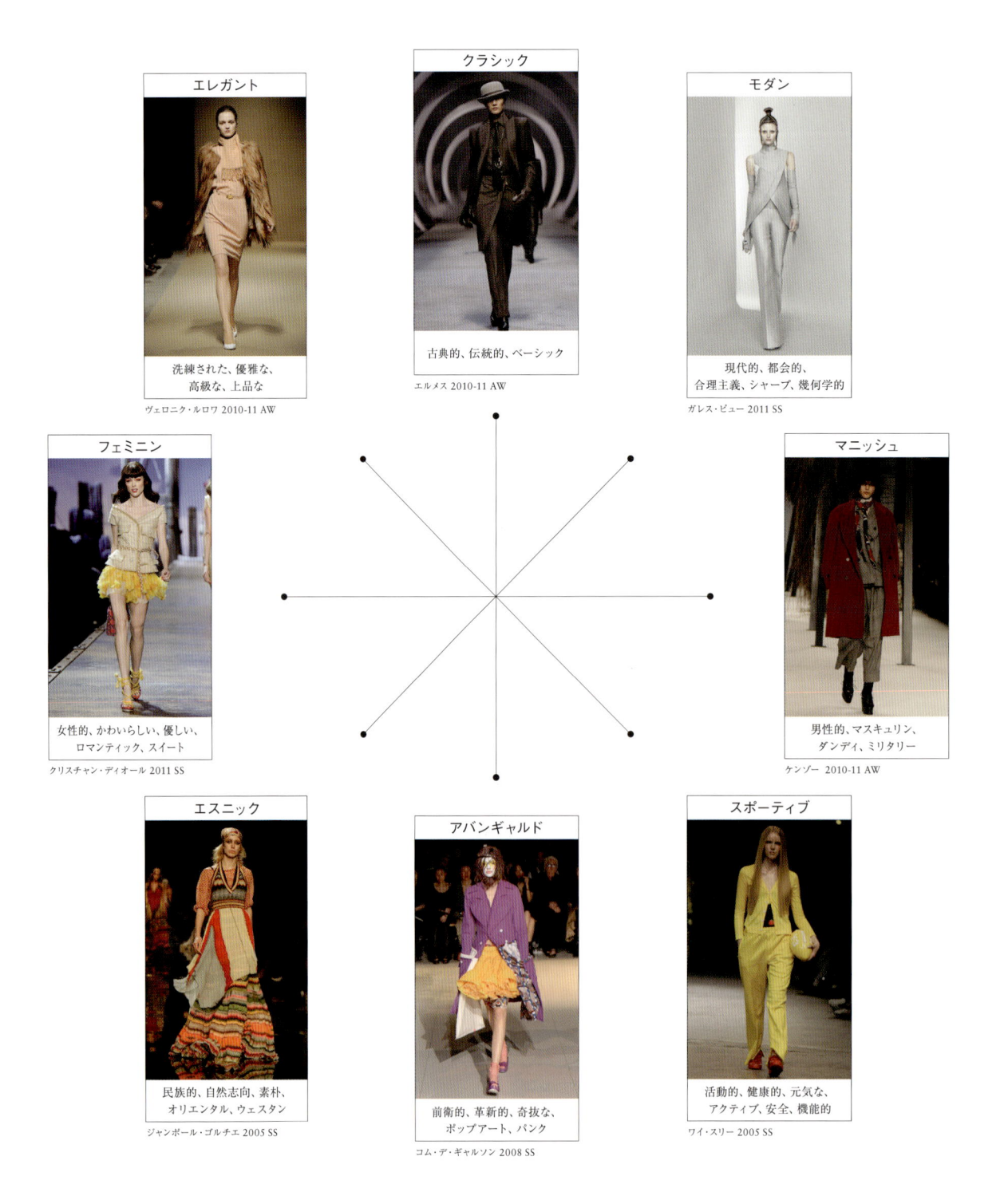

エレガント
洗練された、優雅な、高級な、上品な
ヴェロニク・ルロワ 2010-11 AW

クラシック
古典的、伝統的、ベーシック
エルメス 2010-11 AW

モダン
現代的、都会的、合理主義、シャープ、幾何学的
ガレス・ビュー 2011 SS

フェミニン
女性的、かわいらしい、優しい、ロマンティック、スイート
クリスチャン・ディオール 2011 SS

マニッシュ
男性的、マスキュリン、ダンディ、ミリタリー
ケンゾー 2010-11 AW

エスニック
民族的、自然志向、素朴、オリエンタル、ウェスタン
ジャンポール・ゴルチエ 2005 SS

アバンギャルド
前衛的、革新的、奇抜な、ポップアート、パンク
コム・デ・ギャルソン 2008 SS

スポーティブ
活動的、健康的、元気な、アクティブ、安全、機能的
ワイ・スリー 2005 SS

① クラシックイメージ・コーディネート
　Classic Image Coordinate

　クラシックとは、古典的、伝統的という意味。流行に左右されず、長く愛用されてきた本物志向のコーディネートをいう。

　テーラードスーツやトレンチコート、シャツ、ブラウス、タイトスカートなど、昔から変わらないベーシック（基本の）、オーソドックス（正統派の）、トラディショナル（伝統的）なアイテムがある。素材はウール、綿、シルクなどで、色は黒、白、紺、グレー、ワインレッド、ダークグリーン、ブラウンなどが代表的である。

ポール・スミス
ウィメン
2010 SS

エルメス
2010-11 AW

② エレガントイメージ・コーディネート
　Elegant Image Coordinate

　エレガントとは、洗練された、優雅な、上品な、端麗なという意味。

　サテン、ベルベット、シルク、オーガンジーなどの高級な素材や、ビーズ、手刺繡、レースなどの贅沢なディテールが施された、大人の女性を連想させる繊細なイメージであり、オートクチュール的なスタイルをいう。

　品のある優雅な女性を演出するために、丈はロングが一般的である。

エマニュエル・
ウンガロ
2006-07 AW

ハイダー・
アッカーマン
2010-11 AW

③ フェミニンイメージ・コーディネート
　Feminine Image Coordinate

　フェミニンとは、女らしい、優しい、かわいらしいという意味で、ロマンティックで幻想的なイメージである。

　フリルやギャザー、レース、刺繡、プリーツなどのディテール、シフォンやオーガンジーなどの薄く柔らかい素材が用いられる。

　色はピンク、イエロー、ブルーなどペールトーンが象徴的であり、ビビッドなものはフェミニンなイメージに若さや華やかさをプラスする。日本人が最も愛するイメージでもある。カワイイという言葉がヨーロッパでも流行している。

クリスチャン・
ディオール
2010-11 AW

ヴァレンティノ
2010-11 AW

第 4 章　ファッション・コーディネート技術の必要性　49

モスキーノ
2010 SS

ガレス・ピュー
2010-11 AW

ポール&ジョー
2010-11 AW

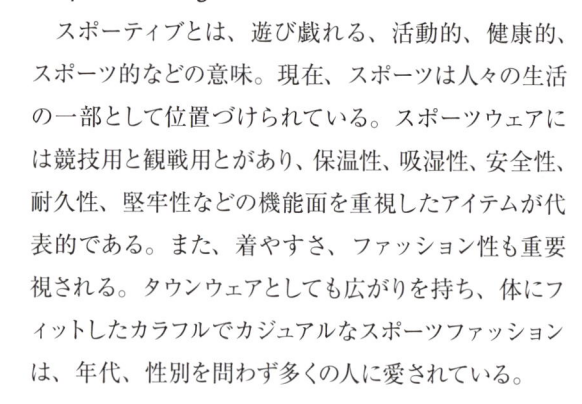

バーバリー・
プローサム
2010-11 AW

ケンゾー
2010-11 AW

ジョン・ガリアーノ
2010-11 AW

④ モダンイメージ・コーディネート
Modern Image Coordinate

　モダンとは、現代的、近代、という意味。無駄を省いたシャープなイメージのコーディネートをいう。
　直線や曲線を用いた幾何学柄、ボディラインにそったスリムなデザインが特徴的である。
　女性のテーラード・スーツやストレートなコート・ドレスなどに応用され、こしのあるウーステッド、ジャージー、皮革、ポリエステルなどで、モノトーンが多く、ラメやエナメル、金属など光る素材も用いられる。構築的でシンプルなデザインが代表的である。

⑤ スポーティブイメージ・コーディネート
Sportive Image Coordinate

　スポーティブとは、遊び戯れる、活動的、健康的、スポーツ的などの意味。現在、スポーツは人々の生活の一部として位置づけられている。スポーツウェアには競技用と観戦用とがあり、保温性、吸湿性、安全性、耐久性、堅牢性などの機能面を重視したアイテムが代表的である。また、着やすさ、ファッション性も重要視される。タウンウェアとしても広がりを持ち、体にフィットしたカラフルでカジュアルなスポーツファッションは、年代、性別を問わず多くの人に愛されている。

⑥ エスニックイメージ・コーディネート
Ethnic Image Coordinate

　エスニックとは、人種の、民族のという意味。素朴で田舎風、刺繍を多用したデザイン、麻や木綿、絹などの天然素材が代表的である。
　1970年代を代表する高田賢三のルーマニア、ギリシア、インド、中国、日本などの民族衣装を基調としたコーディネートがある。
　洋服の原点となるそれぞれの国の民族衣装は、心の癒し、自然への回帰など新しいデザインの源にもなり、アバンギャルドなデザイナーもコレクション作品の中に取り入れるイメージでもある。

⑦ マニッシュイメージ・コーディネート
Mannish Image Coordinate

マニッシュとは、男性的なという意味。

パンツスーツやレザージャケット、ネクタイなどの男性的なアイテムを用いたコーディネートをいう。

女性の社会進出の進展は、ファッションの中でも表現され、言及されている。機能性、活動的なコーディネートでもある。シャツやブラウス、ネックレス、ブローチ、スカーフなどにフェミニンなデザインを取り入れると、女性的な魅力を引き出したコーディネートになる。

ジュンヤワタナベ・コム・デ・ギャルソン
2010 SS

ティム・ハミルトン
2010 SS

⑧ アバンギャルドイメージ・コーディネート
Avant-garde Image Coordinate

アバンギャルドとは、前衛的な、奇抜なという意味。格式や伝統にとらわれず、独創的で斬新なデザインであり、流行の先駆けとなるスタイルをいう。

素材のイメージは合成皮革、びょうや安全ピン、チェーンなどのハードなものを使用したり、エレクトリックカラー（ネオンのような派手な色）、蛍光色、ブラックライトなどで演出する場合もある。

いつの時代にも、若い新しいデザイナーが反体制的、反抗的なデザインでファッション界に刺激を与える。

アレキサンダー・マックイーン
2010 SS

ジャンポール・ゴルチエ
2010 SS

（4）ライフスタイルによるコーディネート

① ビジネスライフ・コーディネート
Business Life Coordinate

　女性の社会進出、男女雇用機会均等法などにより、女性が男性と同等の力を持つようになった。ビジネスライフでは、職業に合わせた、それぞれの職場にふさわしいコーディネートがあり、基本的にはスーツスタイル、パンツルックなどである。会議や国内外の出張におけるコーディネートとしては、清潔感があり、機能的なスタイルがふさわしい。スカーフやブローチなどを持ち歩くと、夜の会合などで、その場にふさわしいコーディネート効果を上げることができる。

ロエベ 2010-11 AW
エンポリオ・アルマーニ 2006-07 AW

② リゾートライフ・コーディネート
Resort Life Coordinate

　リゾートライフとは、日常のストレスから心と体をリフレッシュするために自然を満喫し、趣味に熱中するなど、余暇を楽しむことである。

　目的や場所、季節に応じたコーディネートをすることが重要である。例えばビーチでゆったりとくつろぐときには、強い日ざしから肌を守るためにブリムの広いカプリーヌ型の帽子やサングラス、日傘などをコーディネートすることが望ましい。

アルベルタ・フェレッティ 2010 SS
レオナール 2010-11 AW

③ ホーム＆リラクシングライフ・コーディネート
Home & Relaxing Life Coordinate

　ホーム＆リラクシングライフとは、インドアライフのことで、休日などに家の中で過ごすコーディネートである。

　ホームパーティや映画鑑賞、音楽鑑賞、フラワーアレンジメント、料理、読書などを楽しむためのリラックスできるスタイル。

　忙しい日常から抜け出し、プライベートを楽しむために、体をあまり締めつけず、ゆったりとしたスタイルでコーディネートを楽しむ。

ヴェロニク・ルロワ 2010-11 AW
レオナール 2010-11 AW

④ トラベルライフ・コーディネート
　Travel Life Coordinate
　トラベルライフには、プライベートな観光などのほか、ビジネスでの出張があり、移動手段も電車、車、バス、飛行機など様々である。移動中は、体を締めつけず、機能的なコーディネートがふさわしい。
　特に海外旅行では、滞在先の気候や文化などに気をつける必要がある。ワンピースやジャケットなど、正式なレセプションなどのためにも、フォーマルなアイテムを用意しておくことも重要である。

グッチ
2010 SS

クリスチャン・ディオール
2010-11 AW

⑤ スポーツライフ・コーディネート
　Sport Life Coordinate
　スポーツライフには、サッカー、ゴルフ、テニス、スキー、バスケットボール、バレーボール、野球、水泳、乗馬など、様々な種類がある。また、ストレス解消や健康維持のためのリフレッシュスポーツ、体力増進スポーツなどもある。
　スポーツウェアは、それぞれの種目によって規則があることにも注意する必要がある。
　スポーツウェアは色、デザインも充実しており、個性的なコーディネートを楽しむことができる。

エルメス
2010 SS

ホワイト・マウンテニアリング
2010 SS

⑥ フォーマルライフ・コーディネート
　Formal Life Coordinate
　フォーマルライフには、結婚式や式典、改まった席や儀式、パーティなどがある。
　男女共に昼と夜、正礼装、準礼装、略礼装があり、時間と出席する立場によって異なる。マナーやドレスコードには充分に配慮することが望ましい。また、国によっても文化の違いからドレスコードが異なる場合があるため、海外でフォーマルな式に出席する際には事前に調べ、注意しなければならない。

ピエール・カルダン
2011 SS

ヴァレンティノ
2011 SS

第 4 章　ファッション・コーディネート技術の必要性　53

第5章　ファッション商品知識

　ファッション商品知識は分類学であると同時に、ファッション商品に関する総合的な知識である。ファッション商品は幅が広く奥も深いものであり、様々な専門的な商品知識を具体的に学ぶことが大切である。付加価値をつけるアクセサリーはもちろん、色、素材、イメージ、ヘア・メイクアップなど、あらゆるものに応用できるように、それぞれの分野を専門的に学び、コーディネート・テクニックや商品企画、ショー企画、販売など、あらゆるものに対応できるように心がけることである。ここでは大きく機能分類、デザイン分類に分け、さらに衣服の基本的なアイテムを挙げて図解し、簡単な説明を加えた。その時代の流行を加味していくと無限に広がる商品知識は、ファッションを学ぶうえでの知識の集合体でもある。

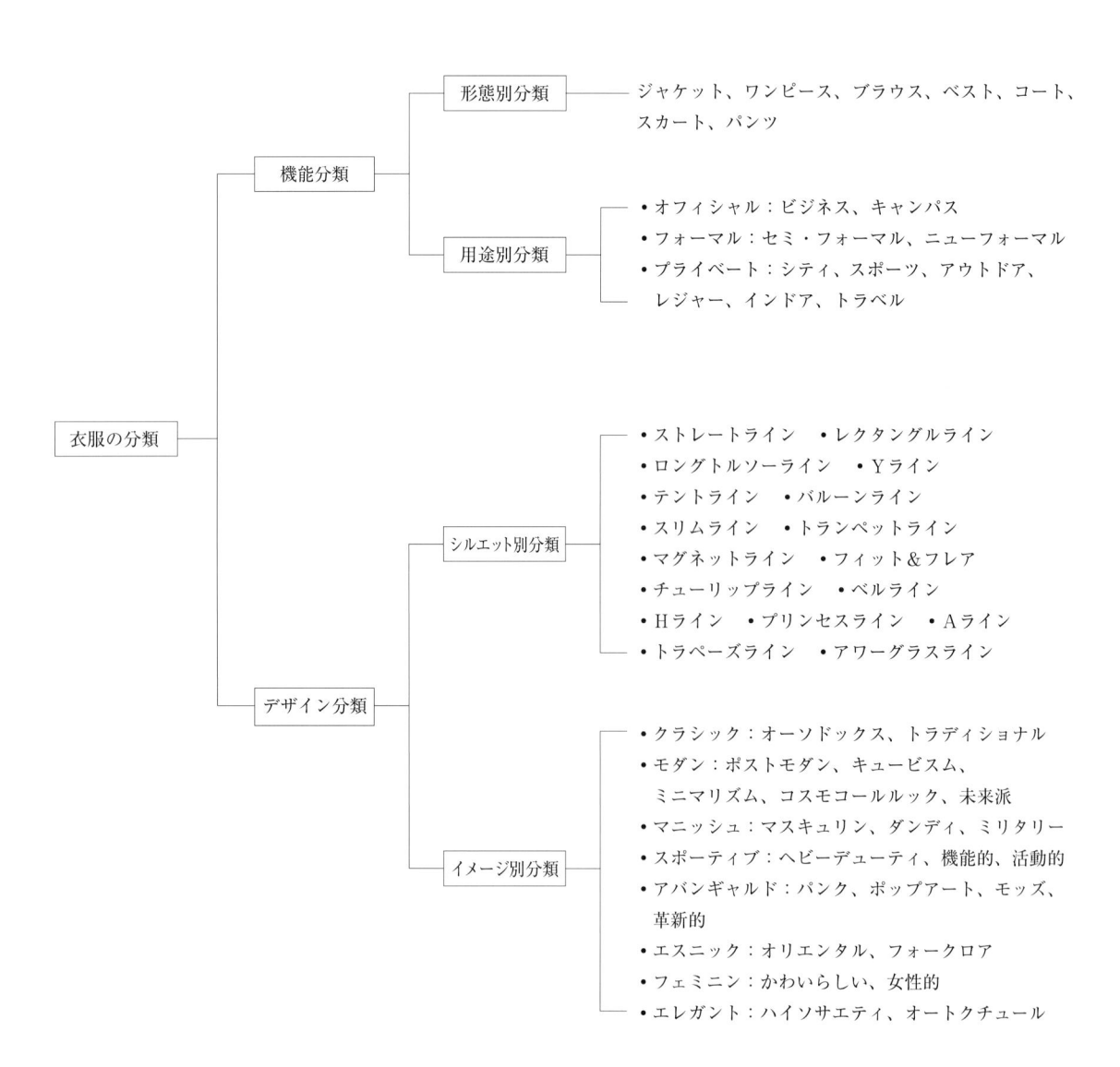

衣服の分類
- 機能分類
  - 形態別分類 ─ ジャケット、ワンピース、ブラウス、ベスト、コート、スカート、パンツ
  - 用途別分類
    - オフィシャル：ビジネス、キャンパス
    - フォーマル：セミ・フォーマル、ニューフォーマル
    - プライベート：シティ、スポーツ、アウトドア、レジャー、インドア、トラベル
- デザイン分類
  - シルエット別分類
    - ストレートライン　・レクタングルライン
    - ロングトルソーライン　・Yライン
    - テントライン　・バルーンライン
    - スリムライン　・トランペットライン
    - マグネットライン　・フィット＆フレア
    - チューリップライン　・ベルライン
    - Hライン　・プリンセスライン　・Aライン
    - トラペーズライン　・アワーグラスライン
  - イメージ別分類
    - クラシック：オーソドックス、トラディショナル
    - モダン：ポストモダン、キュービスム、ミニマリズム、コスモコールルック、未来派
    - マニッシュ：マスキュリン、ダンディ、ミリタリー
    - スポーティブ：ヘビーデューティ、機能的、活動的
    - アバンギャルド：パンク、ポップアート、モッズ、革新的
    - エスニック：オリエンタル、フォークロア
    - フェミニン：かわいらしい、女性的
    - エレガント：ハイソサエティ、オートクチュール

（1）商品知識　シャツ、ブラウス

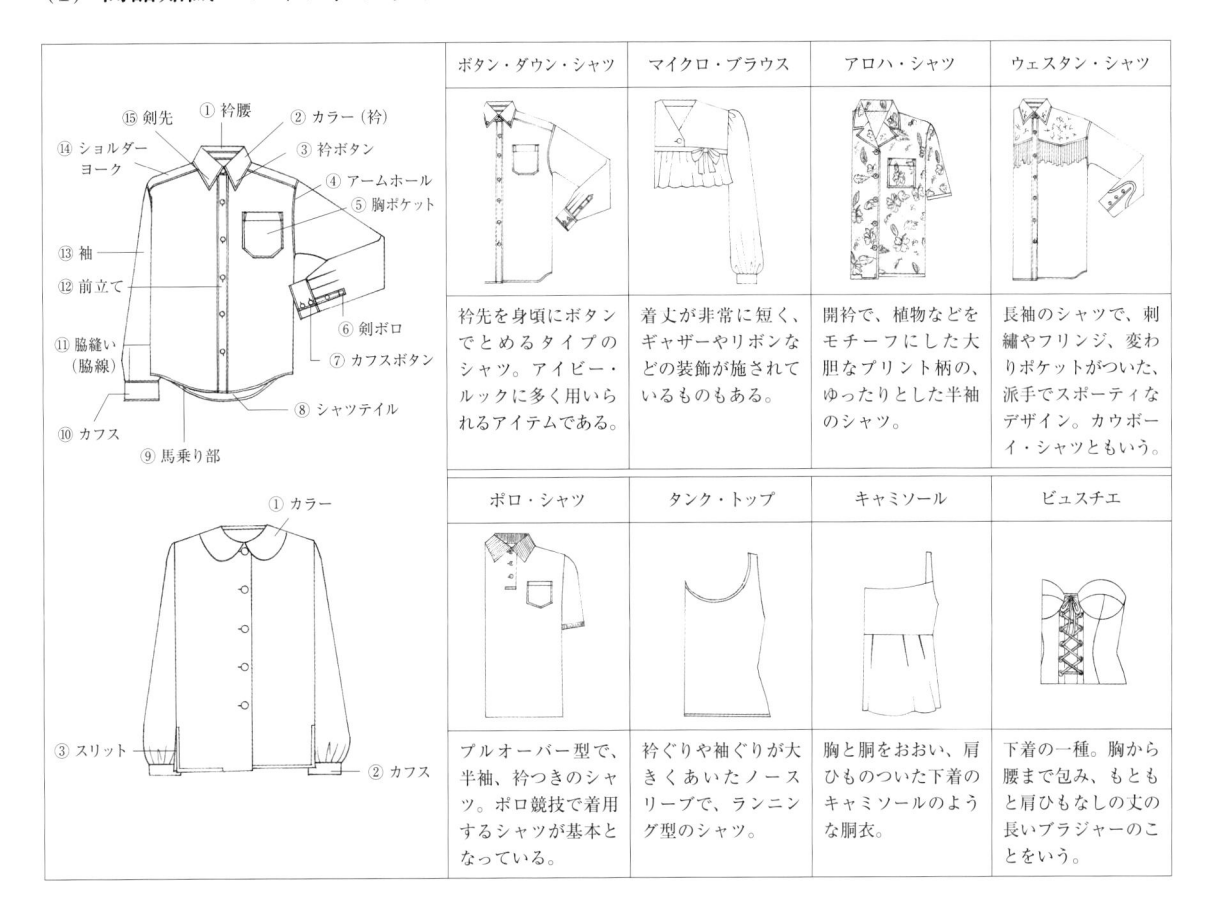

シャツ各部名称：
① 衿腰
② カラー（衿）
③ 衿ボタン
④ アームホール
⑤ 胸ポケット
⑥ 剣ボロ
⑦ カフスボタン
⑧ シャツテイル
⑨ 馬乗り部
⑩ カフス
⑪ 脇縫い（脇線）
⑫ 前立て
⑬ 袖
⑭ ショルダーヨーク
⑮ 剣先

ブラウス各部名称：
① カラー
② カフス
③ スリット

ボタン・ダウン・シャツ	マイクロ・ブラウス	アロハ・シャツ	ウェスタン・シャツ
衿先を身頃にボタンでとめるタイプのシャツ。アイビー・ルックに多く用いられるアイテムである。	着丈が非常に短く、ギャザーやリボンなどの装飾が施されているものもある。	開衿で、植物などをモチーフにした大胆なプリント柄の、ゆったりとした半袖のシャツ。	長袖のシャツで、刺繍やフリンジ、変わりポケットがついた、派手でスポーティなデザイン。カウボーイ・シャツともいう。

ポロ・シャツ	タンク・トップ	キャミソール	ビュスチエ
プルオーバー型で、半袖、衿つきのシャツ。ポロ競技で着用するシャツが基本となっている。	衿ぐりや袖ぐりが大きくあいたノースリーブで、ランニング型のシャツ。	胸と胴をおおい、肩ひものついた下着のキャミソールのような胴衣。	下着の一種。胸から腰まで包み、もともと肩ひもなしの丈の長いブラジャーのことをいう。

（2）商品知識　ワンピース

コート・ドレス	サン・ドレス	シフト・ドレス	スモック・ドレス	フォーマル・ドレス	プリンセス・ドレス	ロー・ウエスト・ドレス	ラップ・ドレス
コートのようなデザインで、コートとしてもドレスとしても着られる。	夏用のドレスで、胸や背中を大きくあけたデザイン。	シフトとはシュミーズ（女性用の下着のスリップ）の意味で、ウエストに切替えがない細身のドレス。	スモック（身頃にゆとりのある腰丈の衣服）の丈を長くしたボリュームのあるドレス。	フォーマルな場で着用される衣服のことで、一般的に女性用のドレス類をいう。	ウエストの切替えがなく、肩から裾に縦切替えが入り、ウエストを絞った裾広がりのドレス。	ジャスト・ウエストより下がった位置にウエスト切替えのあるドレス。	体に巻きつけるように前身頃を打ち合わせて着るドレス。

(3) 商品知識　スカート

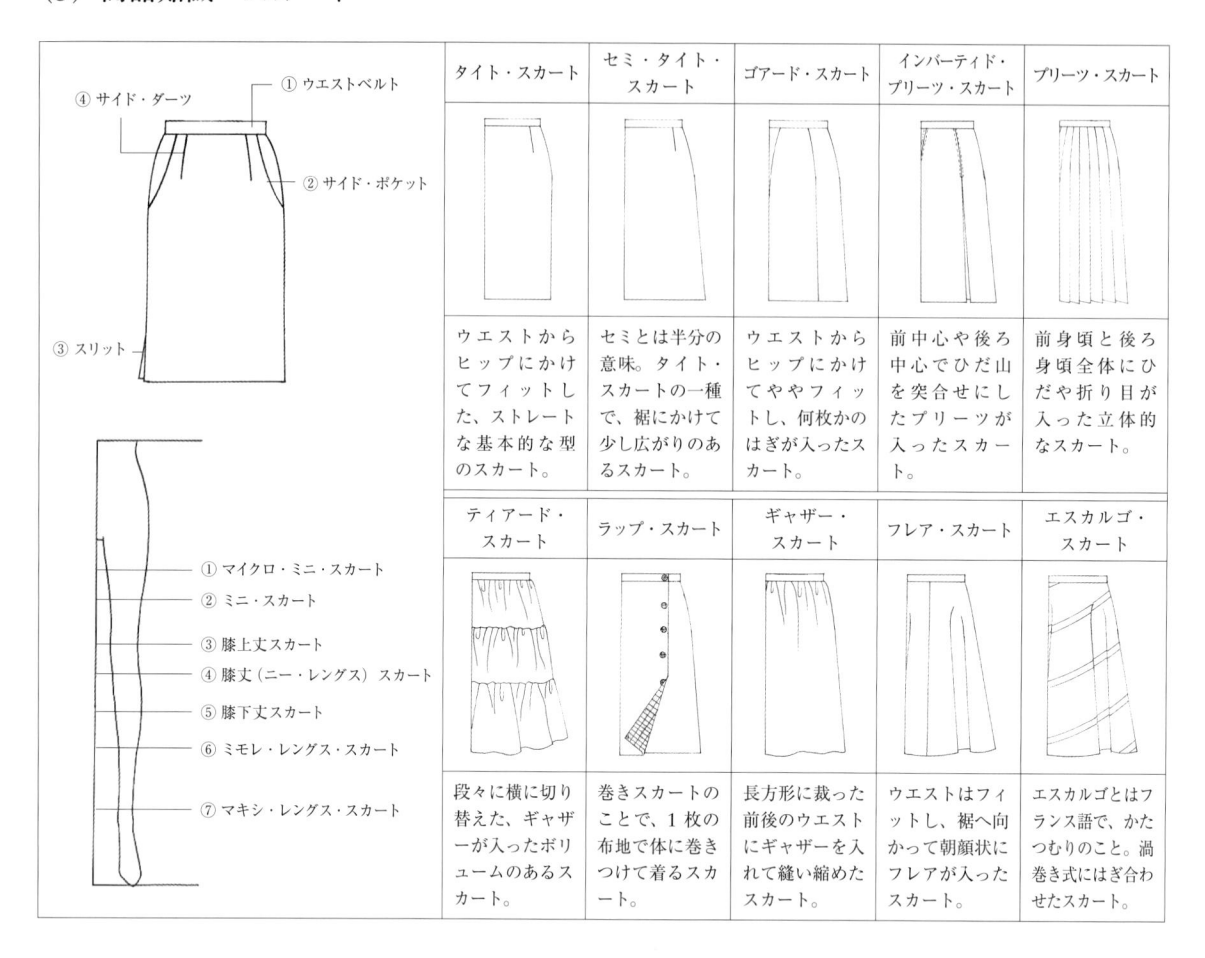

	タイト・スカート	セミ・タイト・スカート	ゴアード・スカート	インバーティド・プリーツ・スカート	プリーツ・スカート
	ウエストからヒップにかけてフィットした、ストレートな基本的な型のスカート。	セミとは半分の意味。タイト・スカートの一種で、裾にかけて少し広がりのあるスカート。	ウエストからヒップにかけてややフィットし、何枚かのはぎが入ったスカート。	前中心や後ろ中心でひだ山を突合せにしたプリーツが入ったスカート。	前身頃と後ろ身頃全体にひだや折り目が入った立体的なスカート。
	ティアード・スカート	ラップ・スカート	ギャザー・スカート	フレア・スカート	エスカルゴ・スカート
	段々に横に切り替えた、ギャザーが入ったボリュームのあるスカート。	巻きスカートのことで、1枚の布地で体に巻きつけて着るスカート。	長方形に裁った前後のウエストにギャザーを入れて縫い縮めたスカート。	ウエストはフィットし、裾へ向かって朝顔状にフレアが入ったスカート。	エスカルゴとはフランス語で、かたつむりのこと。渦巻き式にはぎ合わせたスカート。

スカート図解ラベル：
① ウエストベルト
② サイド・ポケット
③ スリット
④ サイド・ダーツ

丈の種類：
① マイクロ・ミニ・スカート
② ミニ・スカート
③ 膝上丈スカート
④ 膝丈（ニー・レングス）スカート
⑤ 膝下丈スカート
⑥ ミモレ・レングス・スカート
⑦ マキシ・レングス・スカート

(4) 商品知識　スーツ

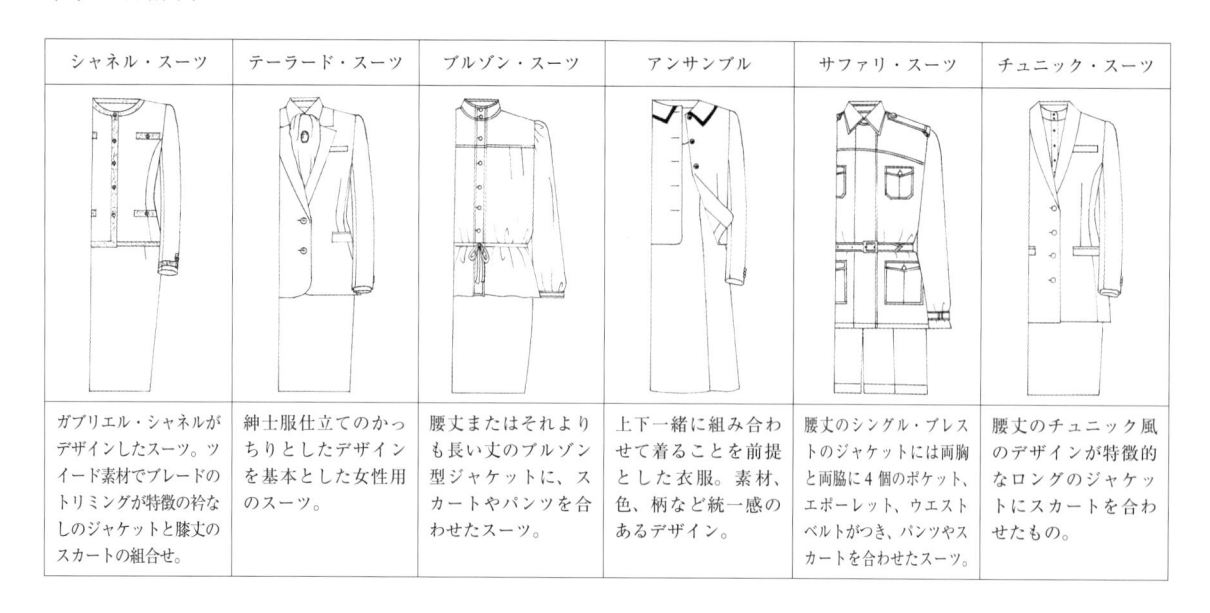

シャネル・スーツ	テーラード・スーツ	ブルゾン・スーツ	アンサンブル	サファリ・スーツ	チュニック・スーツ
ガブリエル・シャネルがデザインしたスーツ。ツイード素材でブレードのトリミングが特徴の衿なしのジャケットと膝丈のスカートの組合せ。	紳士服仕立てのかっちりとしたデザインを基本とした女性用のスーツ。	腰丈またはそれよりも長い丈のブルゾン型ジャケットに、スカートやパンツを合わせたスーツ。	上下一緒に組み合わせて着ることを前提とした衣服。素材、色、柄など統一感のあるデザイン。	腰丈のシングル・ブレストのジャケットには両胸と両脇に4個のポケット、エポーレット、ウエストベルトがつき、パンツやスカートを合わせたスーツ。	腰丈のチュニック風のデザインが特徴的なロングのジャケットにスカートを合わせたもの。

(5) 商品知識　パンツ

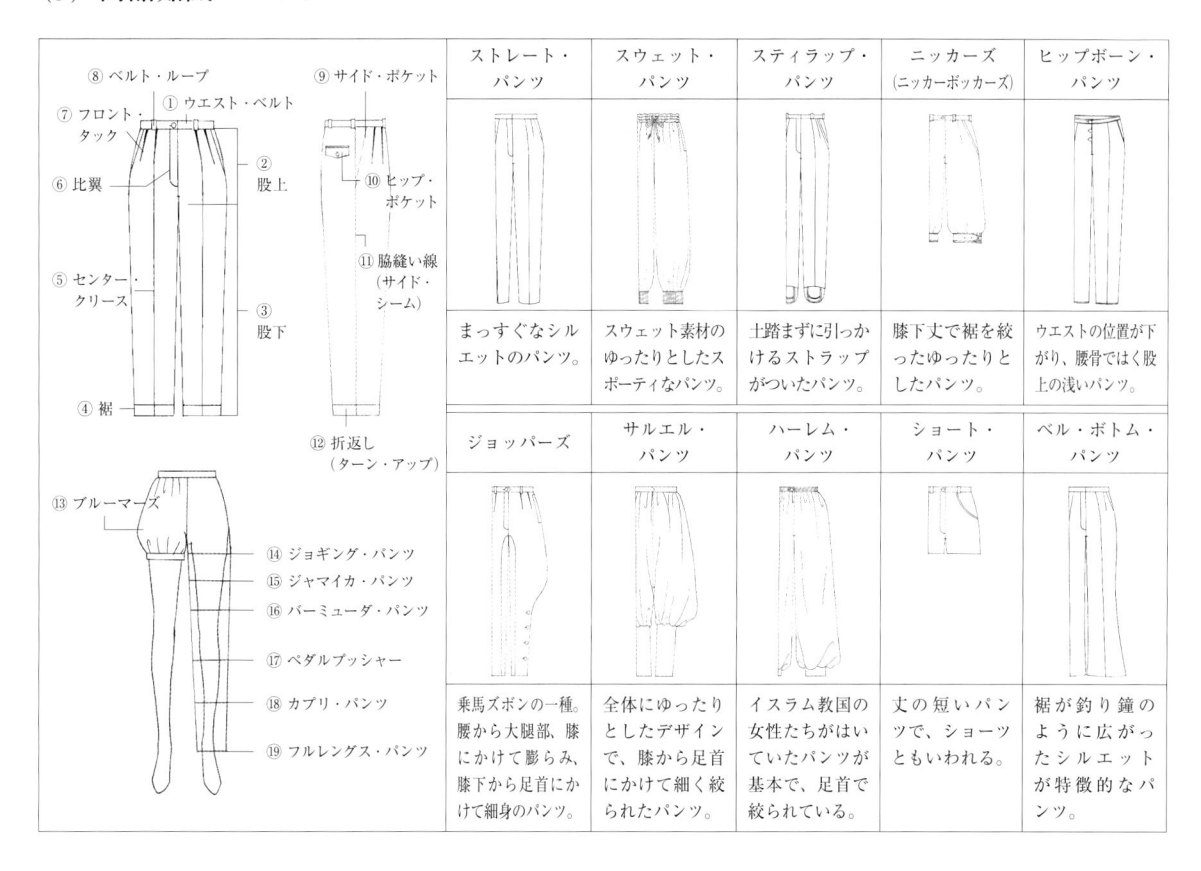

パンツ各部名称:
- ① ウエスト・ベルト
- ② 股上
- ③ 股下
- ④ 裾
- ⑤ センター・クリース
- ⑥ 比翼
- ⑦ フロント・タック
- ⑧ ベルト・ループ
- ⑨ サイド・ポケット
- ⑩ ヒップ・ポケット
- ⑪ 脇縫い線（サイド・シーム）
- ⑫ 折返し（ターン・アップ）
- ⑬ ブルーマーズ
- ⑭ ジョギング・パンツ
- ⑮ ジャマイカ・パンツ
- ⑯ バーミューダ・パンツ
- ⑰ ペダルプッシャー
- ⑱ カプリ・パンツ
- ⑲ フルレングス・パンツ

ストレート・パンツ	スウェット・パンツ	スティラップ・パンツ	ニッカーズ（ニッカーボッカーズ）	ヒップボーン・パンツ
まっすぐなシルエットのパンツ。	スウェット素材のゆったりとしたスポーティなパンツ。	土踏まずに引っかけるストラップがついたパンツ。	膝下丈で裾を絞ったゆったりとしたパンツ。	ウエストの位置が下がり、腰骨ではく股上の浅いパンツ。

ジョッパーズ	サルエル・パンツ	ハーレム・パンツ	ショート・パンツ	ベル・ボトム・パンツ
乗馬ズボンの一種。腰から大腿部、膝にかけて膨らみ、膝下から足首にかけて細身のパンツ。	全体にゆったりとしたデザインで、膝から足首にかけて細く絞られたパンツ。	イスラム教国の女性たちがはいていたパンツが基本で、足首で絞られている。	丈の短いパンツで、ショーツともいわれる。	裾が釣り鐘のように広がったシルエットが特徴的なパンツ。

(6) 商品知識　袖

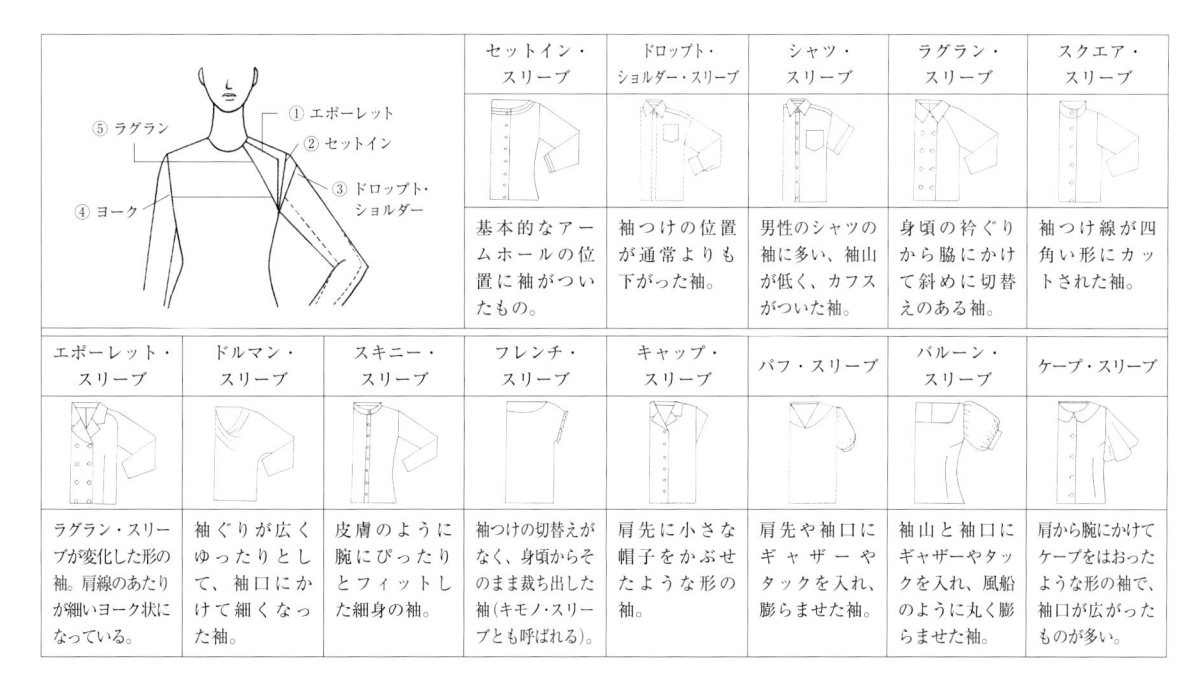

袖各部名称:
- ① エポーレット
- ② セットイン
- ③ ドロップト・ショルダー
- ④ ヨーク
- ⑤ ラグラン

セットイン・スリーブ	ドロップト・ショルダー・スリーブ	シャツ・スリーブ	ラグラン・スリーブ	スクエア・スリーブ
基本的なアームホールの位置に袖がついたもの。	袖つけの位置が通常よりも下がった袖。	男性のシャツの袖に多い、袖山が低く、カフスがついた袖。	身頃の衿ぐりから脇にかけて斜めに切替えのある袖。	袖つけ線が四角い形にカットされた袖。

エポーレット・スリーブ	ドルマン・スリーブ	スキニー・スリーブ	フレンチ・スリーブ	キャップ・スリーブ	パフ・スリーブ	バルーン・スリーブ	ケープ・スリーブ
ラグラン・スリーブが変化した形の袖。肩線のあたりが細いヨーク状になっている。	袖ぐりが広くゆったりとして、袖口にかけて細くなった袖。	皮膚のように腕にぴったりとフィットした細身の袖。	袖つけの切替えがなく、身頃からそのまま裁ち出した袖（キモノ・スリーブとも呼ばれる）。	肩先に小さな帽子をかぶせたような形の袖。	肩先や袖口にギャザーやタックを入れ、膨らませた袖。	袖山と袖口にギャザーやタックを入れ、風船のように丸く膨らませた袖。	肩から腕にかけてケープをはおったような形の袖で、袖口が広がったものが多い。

(7) 商品知識　ジャケット

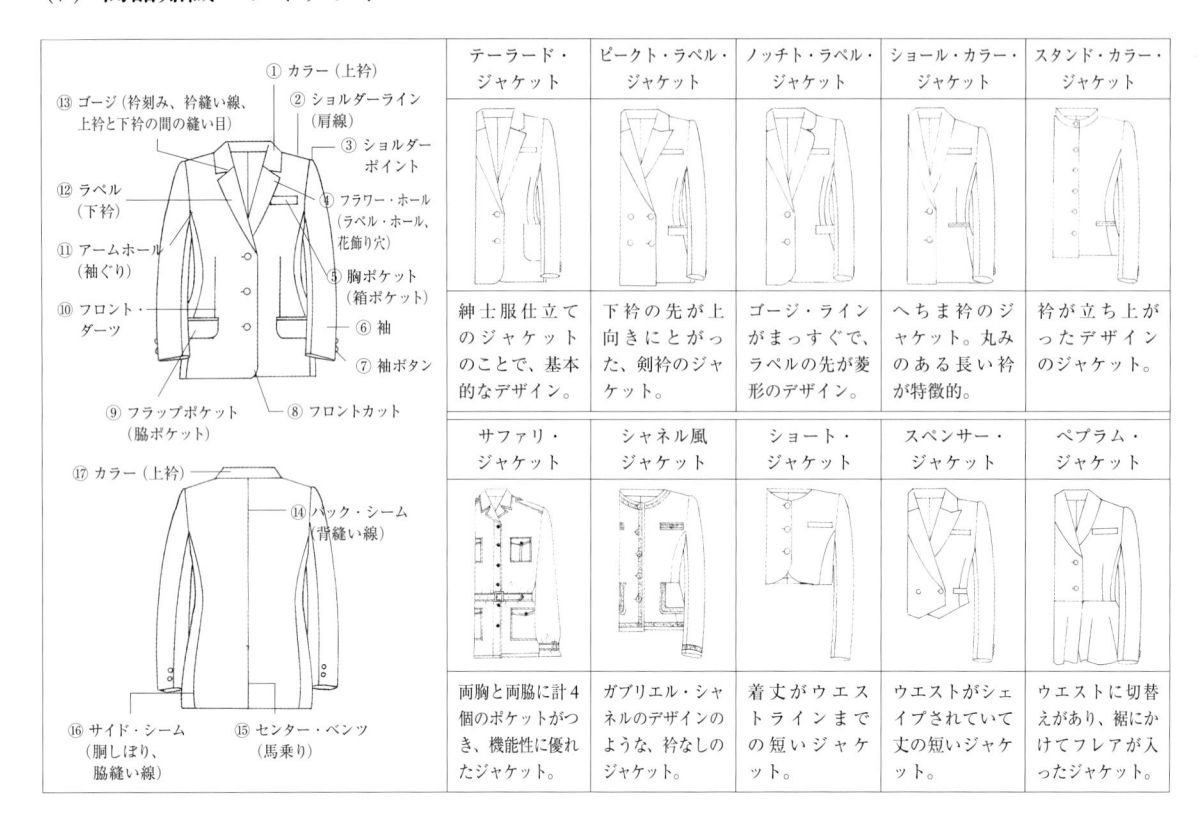

ジャケット各部名称図：
- ① カラー（上衿）
- ② ショルダーライン（肩線）
- ③ ショルダーポイント
- ④ フラワー・ホール（ラペル・ホール、花飾り穴）
- ⑤ 胸ポケット（箱ポケット）
- ⑥ 袖
- ⑦ 袖ボタン
- ⑧ フロントカット
- ⑨ フラップポケット（脇ポケット）
- ⑩ フロント・ダーツ
- ⑪ アームホール（袖ぐり）
- ⑫ ラベル（下衿）
- ⑬ ゴージ（衿刻み、衿縫い線、上衿と下衿の間の縫い目）
- ⑭ バック・シーム（背縫い線）
- ⑮ センター・ベンツ（馬乗り）
- ⑯ サイド・シーム（胴しぼり、脇縫い線）
- ⑰ カラー（上衿）

テーラード・ジャケット	ピークト・ラペル・ジャケット	ノッチト・ラペル・ジャケット	ショール・カラー・ジャケット	スタンド・カラー・ジャケット
紳士服仕立てのジャケットのことで、基本的なデザイン。	下衿の先が上向きにとがった、剣衿のジャケット。	ゴージ・ラインがまっすぐで、ラベルの先が菱形のデザイン。	へちま衿のジャケット。丸みのある長い衿が特徴的。	衿が立ち上がったデザインのジャケット。
サファリ・ジャケット	シャネル風ジャケット	ショート・ジャケット	スペンサー・ジャケット	ペプラム・ジャケット
両胸と両脇に計4個のポケットがつき、機能性に優れたジャケット。	ガブリエル・シャネルのデザインのような、衿なしのジャケット。	着丈がウエストラインまでの短いジャケット。	ウエストがシェイプされていて丈の短いジャケット。	ウエストに切替えがあり、裾にかけてフレアが入ったジャケット。

(8) 商品知識　ネックライン、衿

ラウンド・ネックライン	Uネックライン	ハート・シェイプト・ネックライン	ボート・ネックライン	スリット・ネックライン	ベア・トップ
丸い衿ぐり。丸首ともいう。	U字形をしたネックライン。深いUカットはデコルテともいう。	大きく開いた衿ぐりの前中央がハート形をしたネックライン。	ボートの船底のようなゆるやかな曲線の衿ぐり。別名バトー・ネックライン。	衿ぐりの前中央に深く長い切込みが入ったネックライン。	肩、背中、腕を露出させ、胸をおおったゆるやかな曲線のネックライン。肩ひもはない。
スクエア・ネックライン	Vネックライン	キャミソール・ネックライン	スカラップ・ネックライン	オブリーク・ネックライン	ホルター・ネックライン
四角くカットされた衿ぐりで、スクエア・ネックともいう。	V字形をしたネックライン。ジャケット、セーター、カーディガンなどの前あきに多く見られる。	ストラップ（肩のつりひも）がついた、下着のキャミソールに似たネックライン。	スカラップとは帆立貝のことで、衿ぐりが帆立貝の縁のように波形にカットされたネックライン。	肩から斜めにカットされたネックライン。	前身頃から続く布やひもで首からつるした形の、背中が大きく開いたネックライン。

ボタン・ダウン・カラー	シャツ・カラー	イタリアン・カラー	ピーター・パン・カラー	ピューリタン・カラー	セーラー・カラー
台衿つきの衿先を前身頃にボタンでとめる衿のこと。	シャツやブラウスについている衿の総称。	V字のネックラインで、衿腰が低く、衿先が角になった衿。	衿先が丸く、主に子ども服やブラウスの衿に見られる。フラット・カラーの一種。	フラット・カラーの一種。清教徒が着ていたため、このように呼ばれる。	前はVネック、後ろは四角の衿で、衿端にラインを入れる場合もある。
ウィング・カラー	マオ・カラー	チャイニーズ・カラー	タイ・カラー	ボー・カラー	スタンド・カラー
翼を広げたように外に向かって折り返っている衿。	中国の毛沢東の名をとった衿で、チャイニーズ・カラーのこと（スタンド・カラー）。	スタンド・カラーの一種。中国服に用いられる立ち衿で、前は突合せになっている。	ネクタイを結んだような衿で、ややドレッシーな形である。	ボーとは蝶結びのことで、タイ・カラーと同類。	立ち衿のことで、衿幅は狭いものが多い。

(9) 商品知識　コート

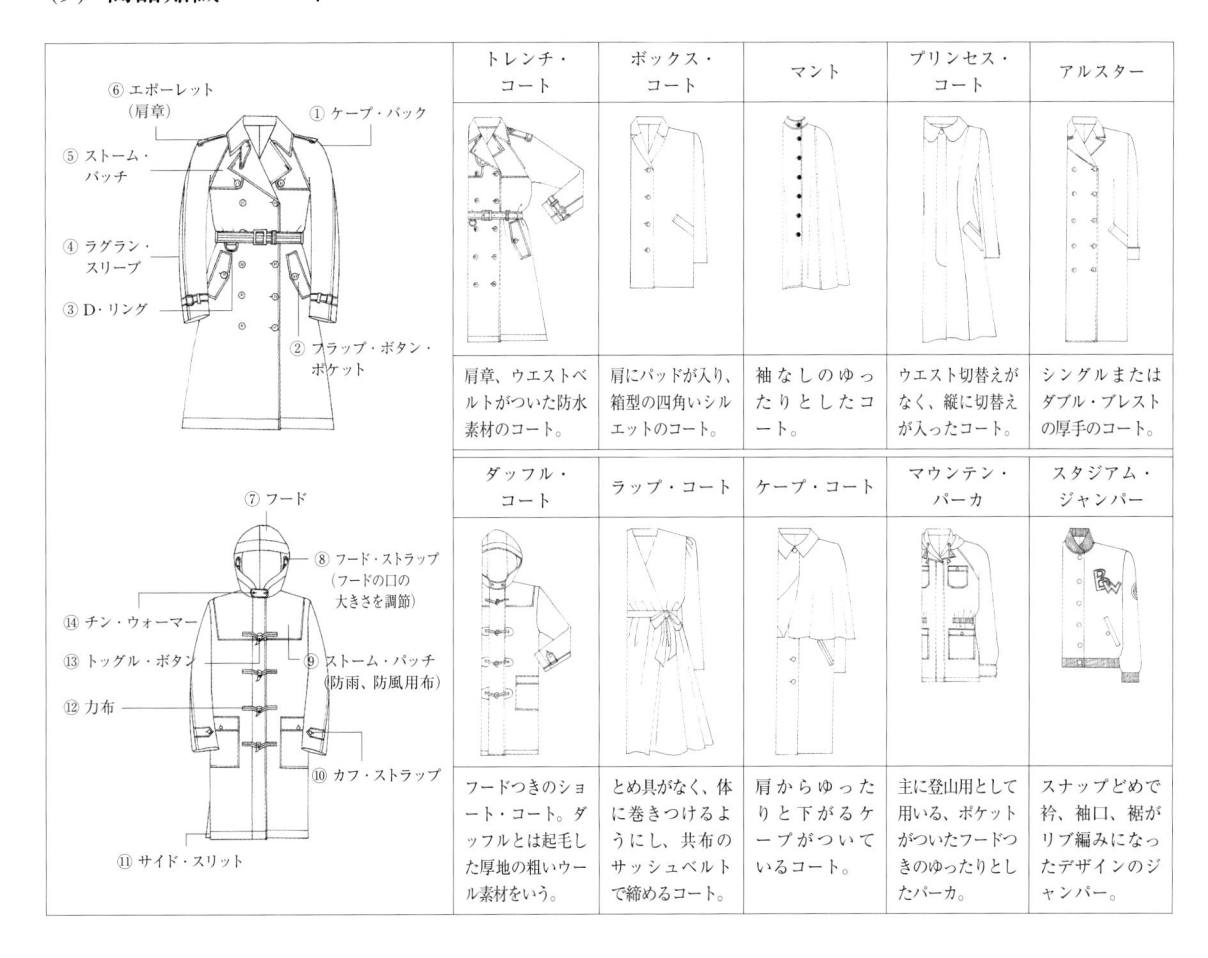

①ケープ・バック
②フラップ・ボタン・ポケット
③D・リング
④ラグラン・スリーブ
⑤ストーム・パッチ
⑥エポーレット（肩章）
⑦フード
⑧フード・ストラップ（フードの口の大きさを調節）
⑨ストーム・パッチ（防雨、防風用布）
⑩カフ・ストラップ
⑪サイド・スリット
⑫力布
⑬トッグル・ボタン
⑭チン・ウォーマー

トレンチ・コート	ボックス・コート	マント	プリンセス・コート	アルスター
肩章、ウエストベルトがついた防水素材のコート。	肩にパッドが入り、箱型の四角いシルエットのコート。	袖なしのゆったりとしたコート。	ウエスト切替えがなく、縦に切替えが入ったコート。	シングルまたはダブル・ブレストの厚手のコート。
ダッフル・コート	ラップ・コート	ケープ・コート	マウンテン・パーカ	スタジアム・ジャンパー
フードつきのショート・コート。ダッフルとは起毛した厚地の粗いウール素材をいう。	とめ具がなく、体に巻きつけるようにし、共布のサッシュベルトで締めるコート。	肩からゆったりと下がるケープがついているコート。	主に登山用として用いる、ポケットがついたフードつきのゆったりとしたパーカ。	スナップどめで衿、袖口、裾がリブ編みになったデザインのジャンパー。

（10）商品知識　シルエット

Hライン	Aライン	スピンドル・ライン	バルーン・シルエット	ビッグ・シルエット	Yライン	プリンセス・ライン	ベル・シルエット
Hの字に似たウエストラインをベルトや切替えによってデザインした細身のシルエット。	Aの字のように上部が小さく裾にいくに従って広がったシルエット。	スピンドルは「紡錘」のことで、中央に膨らみがあるシルエット。	風船のように膨らんで、裾が絞られたシルエット。	ギャザー、タック、フレアなどでゆとりが入った大きなシルエット。	肩幅が広く、肩から胸へゆったりとし、ウエストから裾はスリムなライン。	肩から裾に向かって縦に切替えが入り、裾広がりになったシルエット。	ウエストを細く絞り、裾に向かって広がったベルのようなシルエット。

ストレート・シルエット	スリム・シルエット	トラペーズ・ライン	Xライン	フィット・アンド・フレア	マーメイド・ライン	トルソー・ライン	エンパイア・シルエット
ウエストのくびれなどがない直線的なライン。	体にぴったりとフィットしたシルエット。	肩幅が狭く、裾広がりの台形のシルエット。	Xの字のようにウエストで細く絞られ、裾に向かって広がったシルエット。	上はフィットし、ウエストで細く絞った、裾広がりのライン。	上から膝までフィットさせ、裾は広がった人魚のようなライン。	バストからヒップにかけてフィットした、ローウエスト切替えのシルエット。	ハイウエスト切替えのシルエット。

(11) 商品知識　帽子

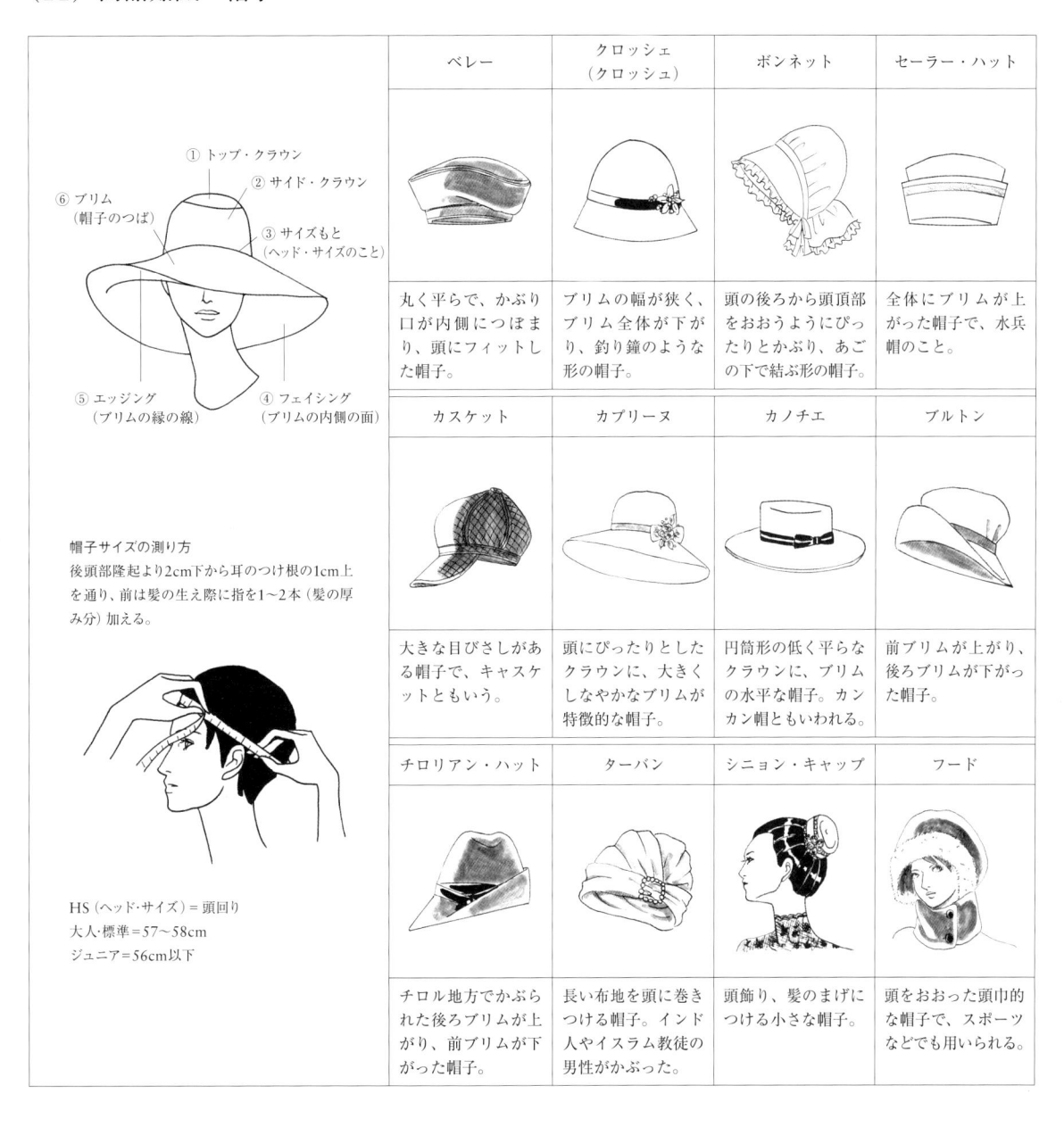

帽子各部の名称
① トップ・クラウン
② サイド・クラウン
③ サイズもと（ヘッド・サイズのこと）
④ フェイシング（ブリムの内側の面）
⑤ エッジング（ブリムの縁の線）
⑥ ブリム（帽子のつば）

帽子サイズの測り方
後頭部隆起より2cm下から耳のつけ根の1cm上を通り、前は髪の生え際に指を1〜2本（髪の厚み分）加える。

HS（ヘッド・サイズ）＝頭回り
大人・標準＝57〜58cm
ジュニア＝56cm以下

ベレー	クロッシェ（クロッシュ）	ボンネット	セーラー・ハット
丸く平らで、かぶり口が内側につぼまり、頭にフィットした帽子。	ブリムの幅が狭く、ブリム全体が下がり、釣り鐘のような形の帽子。	頭の後ろから頭頂部をおおうようにぴったりとかぶり、あごの下で結ぶ形の帽子。	全体にブリムが上がった帽子で、水兵帽のこと。
カスケット	カプリーヌ	カノチエ	ブルトン
大きな目びさしがある帽子で、キャスケットともいう。	頭にぴったりとしたクラウンに、大きくしなやかなブリムが特徴的な帽子。	円筒形の低く平らなクラウンに、ブリムの水平な帽子。カンカン帽ともいわれる。	前ブリムが上がり、後ろブリムが下がった帽子。
チロリアン・ハット	ターバン	シニョン・キャップ	フード
チロル地方でかぶられた後ろブリムが上がり、前ブリムが下がった帽子。	長い布地を頭に巻きつける帽子。インド人やイスラム教徒の男性がかぶった。	頭飾り、髪のまげにつける小さな帽子。	頭をおおった頭巾的な帽子で、スポーツなどでも用いられる。

(12) 商品知識　眼鏡、サングラス

ウェリントン・モデル	オクタゴン	オーバル・シェイプ	ティア・ドロップ	フォクシー・モデル
角が丸くなった四角いフレームの眼鏡。	フレームが八角形になっている眼鏡。	楕円形のフレームで、オブロング・モデルともいわれる。	涙の滴のような丸みのあるデザイン。	狐の目に似た、目尻が上がったフレームの眼鏡。

（13）商品知識　ベルト

ウェスタン・ベルト	サッシュ・ベルト	カーブ・ベルト	メッシュ・ベルト	ワイド・ベルト
カウボーイがつける革製のベルト。	柔らかい素材が用いられる幅広のベルト。	体にそって緩やかなカーブになったベルト。	小さな金属や革ひもで編んだベルト。	幅の広いベルトの総称。

（14）商品知識　バッグ

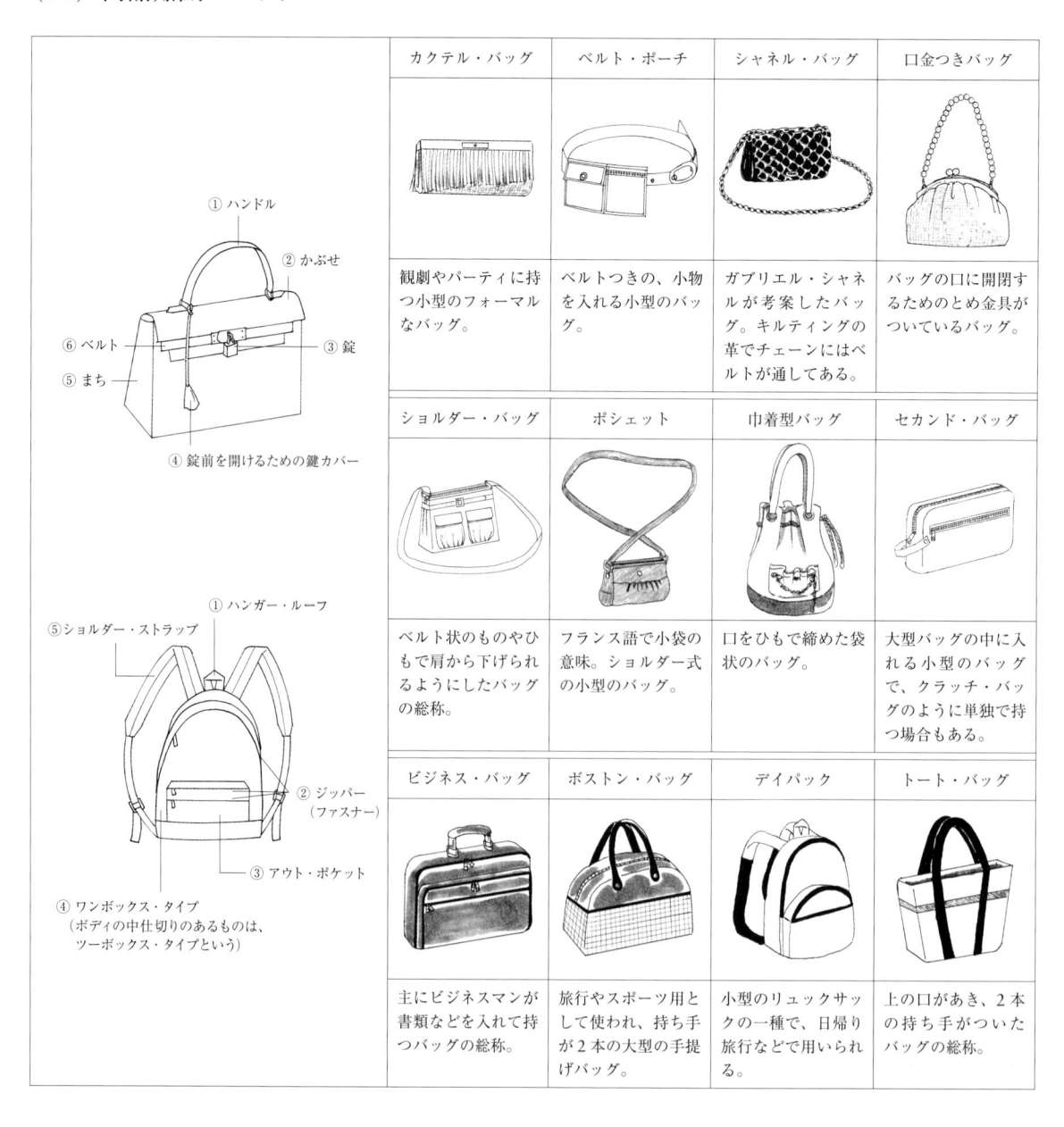

①ハンドル
②かぶせ
③錠
④錠前を開けるための鍵カバー
⑤まち
⑥ベルト

①ハンガー・ルーフ
②ジッパー（ファスナー）
③アウト・ポケット
④ワンボックス・タイプ（ボディの中仕切りのあるものは、ツーボックス・タイプという）
⑤ショルダー・ストラップ

カクテル・バッグ	ベルト・ポーチ	シャネル・バッグ	口金つきバッグ
観劇やパーティに持つ小型のフォーマルなバッグ。	ベルトつきの、小物を入れる小型のバッグ。	ガブリエル・シャネルが考案したバッグ。キルティングの革でチェーンにはベルトが通してある。	バッグの口に開閉するためのとめ金具がついているバッグ。
ショルダー・バッグ	ポシェット	巾着型バッグ	セカンド・バッグ
ベルト状のものやひもで肩から下げられるようにしたバッグの総称。	フランス語で小袋の意味。ショルダー式の小型のバッグ。	口をひもで締めた袋状のバッグ。	大型バッグの中に入れる小型のバッグで、クラッチ・バッグのように単独で持つ場合もある。
ビジネス・バッグ	ボストン・バッグ	デイパック	トート・バッグ
主にビジネスマンが書類などを入れて持つバッグの総称。	旅行やスポーツ用として使われ、持ち手が2本の大型の手提げバッグ。	小型のリュックサックの一種で、日帰り旅行などで用いられる。	上の口があき、2本の持ち手がついたバッグの総称。

(15) 商品知識　時計

クッション	オクタゴン	スクエア	懐中時計	フレアード
文字盤は丸く、外側のケース（フレーム）がバンドと一体化したデザイン。	ケースのデザインが八角形のもの。	ケースのデザインが長方形のもの。	ポケットやバッグなどに入れて持ち歩く小型の携帯用時計。	ケースの側面が中央部分でくびれ、優雅な曲線を描いている。

(16) 商品知識　靴

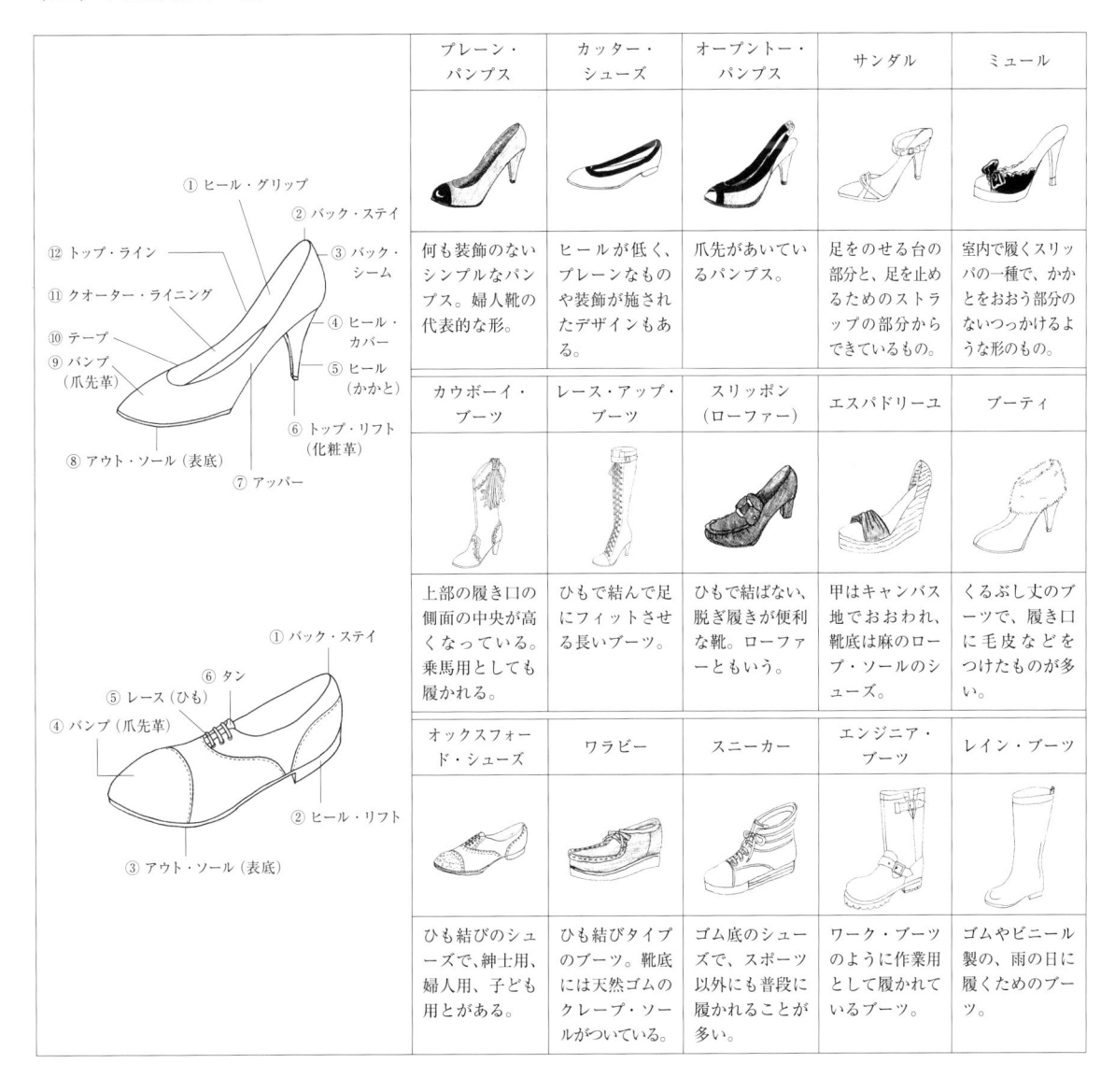

靴の各部名称（パンプス）：
① ヒール・グリップ
② バック・ステイ
③ バック・シーム
④ ヒール・カバー
⑤ ヒール（かかと）
⑥ トップ・リフト（化粧革）
⑦ アッパー
⑧ アウト・ソール（表底）
⑨ バンプ（爪先革）
⑩ テープ
⑪ クオーター・ライニング
⑫ トップ・ライン

靴の各部名称（紳士靴）：
① バック・ステイ
② ヒール・リフト
③ アウト・ソール（表底）
④ バンプ（爪先革）
⑤ レース（ひも）
⑥ タン

プレーン・パンプス	カッター・シューズ	オープントー・パンプス	サンダル	ミュール
何も装飾のないシンプルなパンプス。婦人靴の代表的な形。	ヒールが低く、プレーンなものや装飾が施されたデザインもある。	爪先があいているパンプス。	足をのせる台の部分と、足を止めるためのストラップの部分からできているもの。	室内で履くスリッパの一種で、かかとをおおう部分のないつっかけるような形のもの。
カウボーイ・ブーツ	レース・アップ・ブーツ	スリッポン（ローファー）	エスパドリーユ	ブーティ
上部の履き口の側面の中央が高くなっている。乗馬用としても履かれる。	ひもで結んで足にフィットさせる長いブーツ。	ひもで結ばない、脱ぎ履きが便利な靴。ローファーともいう。	甲はキャンバス地でおおわれ、靴底は麻のロープ・ソールのシューズ。	くるぶし丈のブーツで、履き口に毛皮などをつけたものが多い。
オックスフォード・シューズ	ワラビー	スニーカー	エンジニア・ブーツ	レイン・ブーツ
ひも結びのシューズで、紳士用、婦人用、子ども用とがある。	ひも結びタイプのブーツ。靴底には天然ゴムのクレープ・ソールがついている。	ゴム底のシューズで、スポーツ以外にも普段に履かれることが多い。	ワーク・ブーツのように作業用として履かれているブーツ。	ゴムやビニール製の、雨の日に履くためのブーツ。

第6章　ファッション・ビジネス

1　ファッション・ビジネスとは

　グローバル化はますます加速度を増し、近年、ファッション・ビジネスの形態も大きく変容している。単に物を売るだけではなく、常に魅力あるファッション商品を創造、提案、提供し、新しい環境を作り、販売する一連のビジネス活動である。さらに生活者の買い控え、衣類供給過多の現状において、生活者のファッションニーズを満たす商品を提供する「顧客視点の商品開発」によって利益を得ることを目的とした企業活動である。1990年代以降、特に21世紀の現在、市場の変化は著しく、海外からのラグジュアリーブランドの進出、リーマン・ショックに端を発した不況の波はあっという間に消費萎縮を招いた。それに加え、ファストファッション上陸以降のデフレの加速で、特に日本のファッション業界は急激な消費冷却が起こり、窮地に追い込まれてしまった。しかしファッションを含む社会は常に動いているのである。不況の時代を乗り越えるためにも、消費者心理を探究し、強い（より確立した）、生活者目線の、時代を反映した、ファッション・ビジネスを遂行することが重要である。

　ビジネス本来の特性は「計数的」「技術的」な面が強いが、ファッション・ビジネスは、「心理的」「感覚的」「流行的」「経済的」「社会的」面をより強く追求するビジネスである。

2　ファッション・ビジネスの現状

　現在のファッション・ビジネスは変化に富み、サイクルの速いビジネスである。市場もラグジュアリーファッション（高価格、高品質）と、ファストファッション（低価格、高機能、高速トレンド対応）のせめぎ合いの度合いを増している。ファッションビジネスにおけるトレンドサイクルは高速で回転し、華やかな面を持つ一方で、予測できないアクシデントが起こりやすい面も持つ。他の産業に比べておもしろい部分もあるが、危険な部分も持ち合わせており、近年ではその傾向がより顕著になっている。

　21世紀に入って生産の工程も大きく様変りし、衣料品の生産が中国をはじめとするアジアの新興国へと移っていくと同時に、ユニクロが急成長を遂げてきた。ユニクロは徹底的に市場ニーズを検証し、原料から開発、高機能、高品質、低価格、その上、顧客を限定しない商品を企画販売している。また、ファストファッション系のSPA（Speciality Store Retailer of Private Label Apparelの略。一つの企業が製造から小売りまですべて行なうこと）が近年特に伸びてきている。現在、H&Mは企画決定から店頭投入まで最速3週間であるといわれている。またZARAは自社工場を軸としたJIT生産（ジャストインタイム方式。トヨタ自動車の生産方式として知られる。〝必要な物を必要なときに必要な量だけ生産する〟こと）によって、最速1週間で全世界の店頭に投入できるシステムを展開している。本書では特に、基本的な生産システムと、今後さらに進化していくであろうSPAシステムについて取り上げる。

　ファッション商品は常に変化し、時代とともに人々のニーズも変化するのである。現代の流行現象の背景にある生活環境、社会環境、環境問題、人口動態、ライフスタイルの変化を分析検討し、商品企画を行なうことが大切である。

3　ファッション産業における情報

　情報産業の進展により、インターネットから情報を安易に入手できる時代でもあるが、ファッション・ビジネスに必要となる情報には、様々なものがある。
① メガトレンド情報—生活者の心理や社会的背景などの情報
② マーケット情報—市場全体の流れを把握し、次シーズンを予測する情報
③ ゼネラルトレンド情報——般的なトレンド情報—プロモスティル、トレンドユニオン、ペクレール情報など
- カラー情報　国際流行色委員会（インターカラー）、日本流行色協会（JAFCA）
- 繊維情報—ピッティ・フィラーティ（イタリア）、エキスポフィル（フランス）など
- 素材情報—プルミエール・ビジョン（フランス）、イデア・ビエラ（イタリア）など

　これらの情報は従来、対象となるシーズンの18〜12か月前に発表される。短期生産の可能なSPA型のブランドはこの情報に基づいて3か月後に商品化することが可能だが、受注型ブランドは商品化に1年近くかかり、後れをとることになるので、商品の差別化を図る必要がある。
④ コレクション情報—世界の5大コレクション（ニューヨーク、ミラノ、ロンドン、パリ、東京）を中心に収集されるコレクションの情報
⑤ フィールド情報—生活者のライフスタイル情報を年間を通じて定期的に収集
⑥ ショップ情報—競合ブランドや話題性のある注目ブランドの店舗情報
⑦ 取引き先情報—取引き先や業界内部からの情報

4　マーチャンダイジング

（1）マーチャンダイジングの定義

　マーチャンダイジングは適切な商品を「適切な時期」に「適切な量」「適切な価格」で、提供する計画である。1948年にアメリカのマーケティング協会が提唱した定義が多く引用されているが、'60年に定義が修正された。企業のマーケティングの目標を達成するため、「特定の商品」や「サービス」を「最も役立つ場所」「時期」「価格」「数量」で取り扱うことに関する計画と管理である。

（2）マーチャンダイザーの必要性とその活動

　マーチャンダイザーの活動は広範であり、マーケットのニーズの分析と製品開発、仕入れ、販売を指す。すなわち「製造業者」と「販売業者」の両者に通じるポジションである。「顧客満足」を達成できる商品を企画、開発し、企業利益に貢献するうえで、次の要件が必要とされる。
① 生活者の立場で顧客満足を提案する＝商品企画をする
② 時代の変化を感じ、先取りする＝顧客の感動を創造する
③ 他社にない独自性を提案する
④ ファッション感覚を物に反映させる＝物作りに精通する
⑤ 創造性（クリエーション）を企業利益（数値）に置き換える

　特に現在は、SPA型ブランドに大きくシフトしているため、企画立案も変化している。そのため、マーチャンダイザーを助けて仕事をするスタイリストも、市場調査、ショップリサーチ、製品計画、生産、ブランド設定、広告、商品企画、販売活動など、市場活動を総合したビジネス活動に大きな責任があるのである。特に、スタイリストに必要とされる能

力としては、コミュニケーション能力、トラブルへの対応、管理能力、プレゼンテーション能力、感性、商品知識などが挙げられる。

(3) 市場情報とショップ情報

ファッション・ビジネスにおいて、消費者の購買行動や購買心理、商品の動き、また競合店の商品情報、色、素材、デザイン展開、アクセサリー、品質、価格の比較など多くのことを観察しなければならない。とりわけ、現在のように海外から様々な形態のブランドや店舗が上陸してきている中では、単なる「情報」では解決できなくなってきている。情報化の進展により、インターネットから情報を安易に入手できる時代でもあるが、店頭で直接調査をする「市場調査」のように、人間の目で確かめ、体感し、変化する消費者行動を確認することも重要である。

激化する競争市場に対応するため、商品開発や商品企画のバイヤーは、消費者に密着した売り場情報を販売員から収集する。IT化による技術革新もあいまって、ポス情報やICチップ情報などのIT情報も併せて重要である。売り場側からのタイムリーな情報によるシーズン予測や商品予測、消費者のライフスタイル分析を行なうためにも、製販一貫体制をベースとした独自のマーチャンダイジングの体制が要求される。特にファッション・アドバイザーやスタイリスト、コーディネーターの専門家を配置し、消費者情報を的確につかむことも重要である。

(4) 市場調査、ショップリサーチの実例

競合店2店舗を比較調査する

① 日時、場所

② 企業の組織、歴史、資本金、企業概要（店舗網、チェーン展開）も事前に調査をする。

③ 店舗概要（立地条件、外資系か国内か、生産拠点）

④ 店舗のコンセプト（ターゲットを絞るか年齢、性別を問わないか）

⑤ 調査内容
1) 顧客　性別、年齢、職業
2) 商品　アイテム、イメージ、価格帯、カラー、素材別、店舗のレイアウト
3) 販売員　人数、販売員の商品知識、接客態度
4) 特定の機能サービス　会員カード、ポイントカード、セールなど
店頭商品の情報や販売員また店舗の環境などの調査をする必要がある。

⑥ 市場調査表

A店、B店の比較、考察

Ⅰ. 顧客について

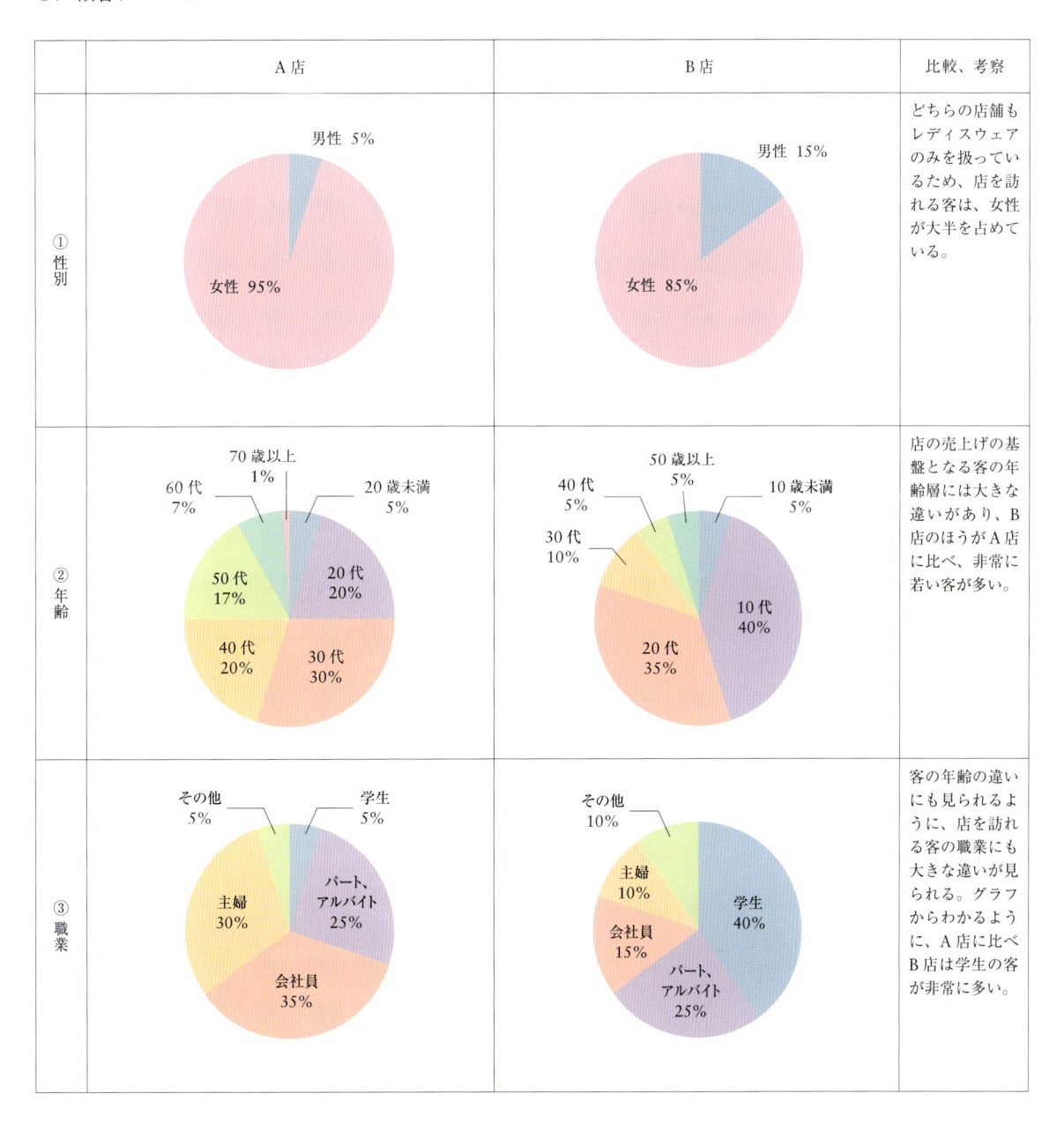

	A店	B店	比較、考察
① 性別	男性 5%／女性 95%	男性 15%／女性 85%	どちらの店舗もレディスウェアのみを扱っているため、店を訪れる客は、女性が大半を占めている。
② 年齢	20歳未満 5%／20代 20%／30代 30%／40代 20%／50代 17%／60代 7%／70歳以上 1%	10歳未満 5%／10代 40%／20代 35%／30代 10%／40代 5%／50歳以上 5%	店の売上げの基盤となる客の年齢層には大きな違いがあり、B店のほうがA店に比べ、非常に若い客が多い。
③ 職業	学生 5%／パート、アルバイト 25%／会社員 35%／主婦 30%／その他 5%	学生 40%／パート、アルバイト 25%／会社員 15%／主婦 10%／その他 10%	客の年齢の違いにも見られるように、店を訪れる客の職業にも大きな違いが見られる。グラフからわかるように、A店に比べB店は学生の客が非常に多い。

Ⅱ. 商品について

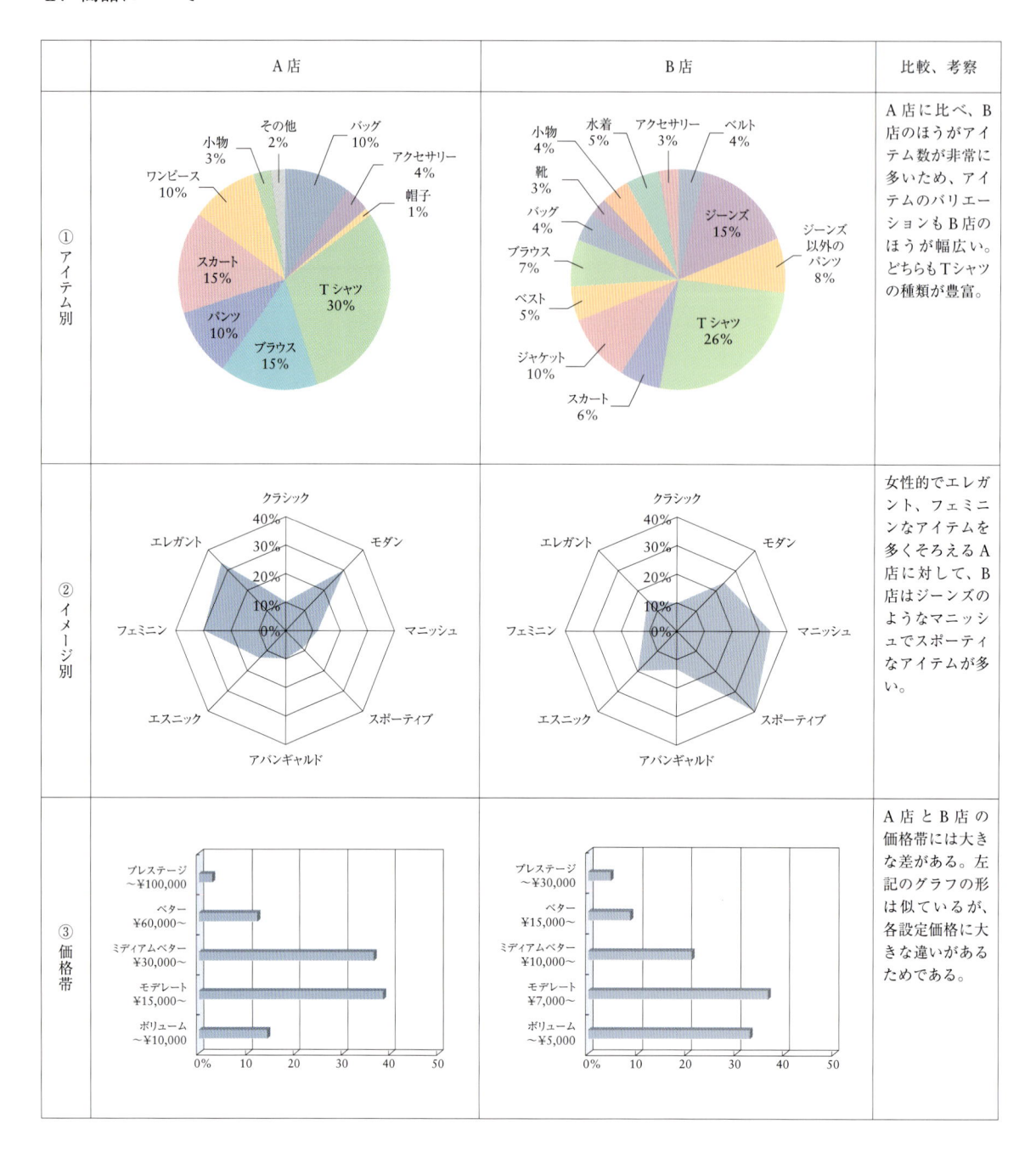

	A 店	B 店	比較、考察
① アイテム別	A店の円グラフ：Tシャツ 30%、ブラウス 15%、パンツ 10%、スカート 15%、ワンピース 10%、小物 3%、その他 2%、バッグ 10%、アクセサリー 4%、帽子 1%	B店の円グラフ：ジーンズ 15%、ジーンズ以外のパンツ 8%、Tシャツ 26%、スカート 6%、ジャケット 10%、ベスト 5%、ブラウス 7%、バッグ 4%、靴 3%、小物 4%、水着 5%、アクセサリー 3%、ベルト 4%	A店に比べ、B店のほうがアイテム数が非常に多いため、アイテムのバリエーションもB店のほうが幅広い。どちらもTシャツの種類が豊富。
② イメージ別	レーダーチャート（クラシック、モダン、マニッシュ、スポーティブ、アバンギャルド、エスニック、フェミニン、エレガント）	レーダーチャート（クラシック、モダン、マニッシュ、スポーティブ、アバンギャルド、エスニック、フェミニン、エレガント）	女性的でエレガント、フェミニンなアイテムを多くそろえるA店に対して、B店はジーンズのようなマニッシュでスポーティなアイテムが多い。
③ 価格帯	プレステージ 〜¥100,000／ベター ¥60,000〜／ミディアムベター ¥30,000〜／モデレート ¥15,000〜／ボリューム 〜¥10,000	プレステージ 〜¥30,000／ベター ¥15,000〜／ミディアムベター ¥10,000〜／モデレート ¥7,000〜／ボリューム 〜¥5,000	A店とB店の価格帯には大きな差がある。左記のグラフの形は似ているが、各設定価格に大きな違いがあるためである。

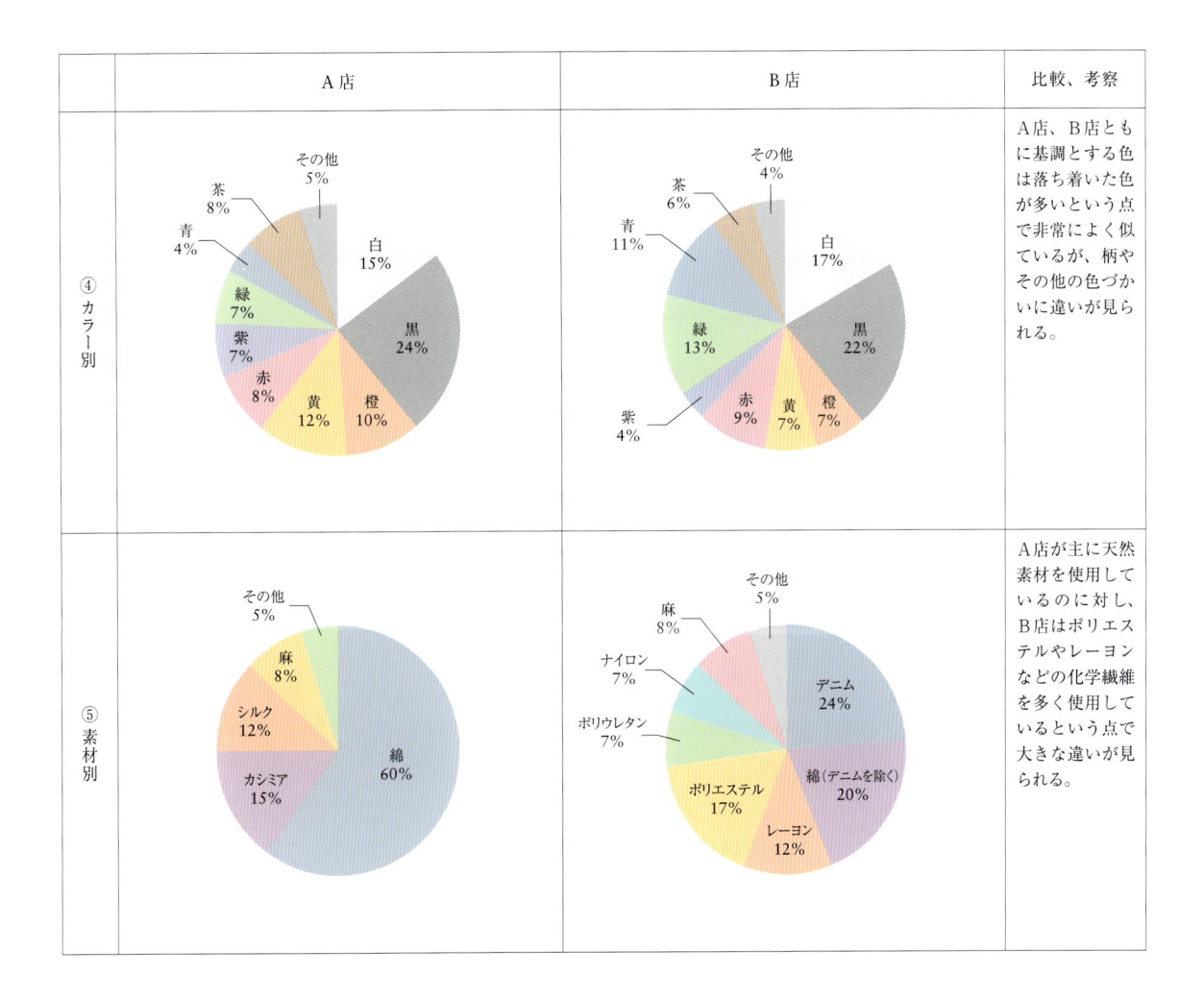

		A店	B店	比較、考察
④	カラー別	白 15%、黒 24%、橙 10%、黄 12%、赤 8%、紫 7%、緑 7%、青 4%、茶 8%、その他 5%	白 17%、黒 22%、緑 13%、青 11%、茶 6%、その他 4%、紫 4%、赤 9%、黄 7%、橙 7%	A店、B店ともに基調とする色は落ち着いた色が多いという点で非常によく似ているが、柄やその他の色づかいに違いが見られる。
⑤	素材別	綿 60%、カシミア 15%、シルク 12%、麻 8%、その他 5%	デニム 24%、綿(デニムを除く) 20%、ポリエステル 17%、レーヨン 12%、ポリウレタン 7%、ナイロン 7%、麻 8%、その他 5%	A店が主に天然素材を使用しているのに対し、B店はポリエステルやレーヨンなどの化学繊維を多く使用しているという点で大きな違いが見られる。

Ⅲ．売り場について

	A店	B店
販売員	男女比＝4：6	男女比＝3：7
販売員の商品知識、接客態度	商品知識、流行動向に詳しく、親切で丁寧な接客。	基本的な商品知識があり、コーディネートのサービスが充実。
特定の機能サービス	ポイントカード、ギフトカード	ポイントカード
平面図	(540×480の平面図)	(1080×660の平面図)

第6章　ファッション・ビジネス　69

（5）マーチャンダイジングにおける活動

① 製品計画　　製品化計画（メーカー側）

製品計画とは消費者の欲求、要求、期待を充足させるため、商品を企画し、具体的に製品化して市場に送り出すための活動である（セールス・プロモーション部門を含む）。すなわちメーカー側の計画は製品計画を指す。

② 商品企画　　商品計画（販売側）

商品企画とは売る側からの販売のための企画、小売業における仕入れ商品の選定、顧客の需要に合った商品の品ぞろえ、量、価格を計画する活動である。すなわち小売店側の計画は商品企画を指す。

マーチャンダイジングとは、それぞれの立場で企業目的にそった方向で具現化するビジネスである。しかし、マーチャンダイジングは企業利益のみを追求するのではなく、あくまでも生活者を重視したものでなければならない。

（6）SPA システムの企画立案

SPA とは Speciality Store Retailer of Private Label Apparel の略である。

つまり、一つの企業が製造から卸、小売りまでを一貫して行なう、アパレル小売業界の業態の一つである。製造卸売業が小売部門の経営、運営に乗り出したメーカー系と、小売業がアパレル製造卸の機能を追加したリテール系に大別される。アメリカの GAP、スペインの ZARA、スウェーデンの H&M、日本の無印良品、ユニクロ（ファストリテイリング）などが代表的な企業である。

SPA ブランドは、売り手（流通）と作り手（メーカー）とが直結しており、店頭情報を商品企画に反映することが容易であるというメリットがある。店頭顧客の動向に俊敏に対応した期中企画商品も開発できる。そのため商品が店頭に並ぶまでの人件費の削減や、製造から販売まで最短時間での店頭投入が可能であることなど、昨今のめまぐるしく変化する社会状況に対応した業態だといえる。

（7）人口動態別クラスター分析の有用性

ライフステージとは、人生の中で様々に変化する、生活様式、生活意識、生活行動までを含め、いくつかの枠組みでグループ化したものである。ライフステージも現在では年齢、性別、職業、居住地、所得だけでは消費者分析ができなくなってきた。一方、クラスター分析というのは、ファッション感性やテイストなど、ライフステージと異なった視点で生活者を分類する方法である。

現在、ライフスタイルのファッション化によって、〝ファッション〟が食生活、住生活にも広がり、画一的なライフスタイルから趣味嗜好をプラスしたプライベートライフまで様々な面がある。それぞれのライフスタイルの違いは、商品を購入する際の購買形態、購買行動にも影響してきている。つまり、消費者の行動、毎日の活動範囲の違いは、生活パターンと価値観の違いや流行に対する関心の深さの違いにも顕著に表われるため、ファッション商品を企画する際にも、ファッションビジネスの動向を把握するためにも、ライフステージをクラスター分析する必要があると思われる。

少子化や晩婚化、子どもを作らない生活者や結婚をしない独身者の増加、団塊世代の高齢化などが進む日本の社会においては、物に対する価値観や評価基準が多様化し、従来のマーチャンダイジングではそれらを整理、分類することができなくなっている。その中で、団塊世代の高齢化により活性化しているアクティブシニア市場が今後の景気を刺激し、経済の活性化につながることが期待されている。

（8）マーケット・セグメンテーション（客層別セグメンテーション）

マーケット・セグメンテーションとは、種々雑多に嗜好や価値観を持っている消費者を一定の基準（好みや欲求）などによっていくつかに分類し、その分類に合ったマーケティングを展開する市場細分化のことである。

① ライフサイクル（年代）別

先でも述べたようにライフステージの分類が大きく変化してきたため、年代別に分けることは難しくなった。

乳幼児期	0～3歳を中心としたその前後
キッズ世代 （幼稚園児、小学低学年生）	4～10歳
ジュニア世代 （小学高学年生、中学生）	11～15歳
ヤング （高校生、大学生、専門学校生）	16～20歳
ヤング・アダルト （社会人）	21～30歳 （シングルまたは結婚）
トランスアダルト ヤング・ファミリー世代	31～34歳 （シングルまたは子育て期）
ファミリー成長世代 キャリア成長期	35～50歳 （子どもが中学か高校期）
働き盛り ファミリー成熟期	51～60歳 （子どもが社会人になり結婚）
シニア導入期　定年	61～70歳 （人生満喫期、高齢新感覚シニア）
ゴールド・シニア、シルバー	71歳以上 （アクティブシニア）

② ファッション・イメージ・テイスト別

クラシック	フェミニン
スポーティブ	エレガント
モダン	エスニック
アバンギャルド	マニッシュ

③ ライフステージ（オケージョン）別

フォーマル	リゾート
カジュアル	スポーティ
プライベート	キャンパス
ビジネス	トラベル

(9) 商品企画の具体的な活動プロセス

① ファッションマーケティングの戦略における商品企画

マーケティング戦略とは、他社との競争の中で特定の目的を達成するため、ブランドやショップのコンセプトを機軸として事業を企画立案し、収益を生み出していくための方策である。

一般的には3段階のプロセスで進められる。
1) 市場機会の分析　顧客、競争相手、企業
2) ターゲット市場の選定　ターゲット、コンセプト、アイデンティティ
3) マーケティングミックス
   4P（Product＝商品、Price＝価格、Place＝流通、Promotion＝販売戦略、広告宣伝）
   商品戦略、流通コミュニケーション戦略

② ターゲット市場の選定プロセス

1) ターゲットの設定

製品の販売対象となるターゲット市場（標的市場）を設定する。例えば、マーケット・セグメンテーションで分析したように、消費者のライフスタイル別、タイプ別、ファッション・イメージ別などで、売る商品の顧客のゾーンを決める。

● ファッション・イメージ

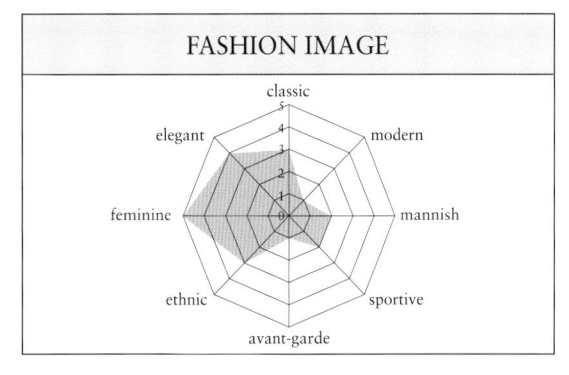

FASHION IMAGE
（classic, modern, mannish, sportive, avant-garde, ethnic, feminine, elegant）

フェミニンやエレガントなどの女性らしい印象を主体とし、エスニックやマニッシュなどの要素でアクセントをつける。

●ファッション・センス

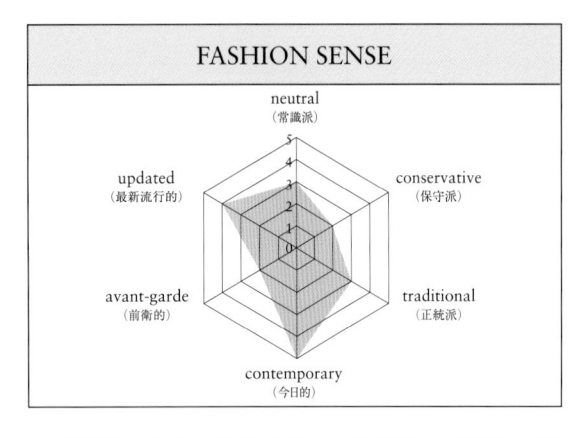

FASHION SENSE

- neutral（常識派）
- conservative（保守派）
- traditional（正統派）
- contemporary（今日的）
- avant-garde（前衛的）
- updated（最新流行的）

　低彩度のカラーを多く用い、保守派、正統派の要素を含ませながら、一方でシルエットやディテールにこだわり、ターゲットの今日的な流行を多く取り入れる。

●ライフステージ

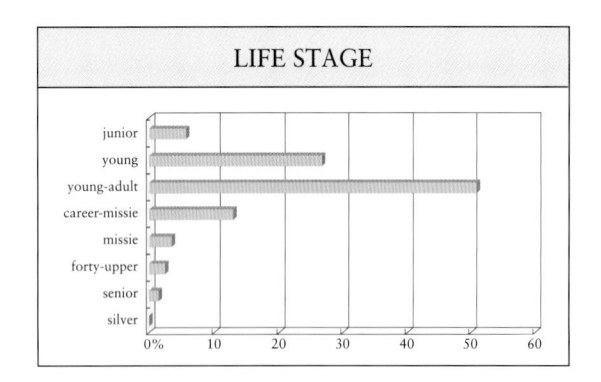

LIFE STAGE

- junior
- young
- young-adult
- career-missie
- missie
- forty-upper
- senior
- silver

（0%～60%）

　ターゲットエイジである10代から30代が多く見られるが、バッグや靴などの良質な素材を用いた商品に関しては、キャリアミッシー層の顧客も利用している。

●プライスゾーン

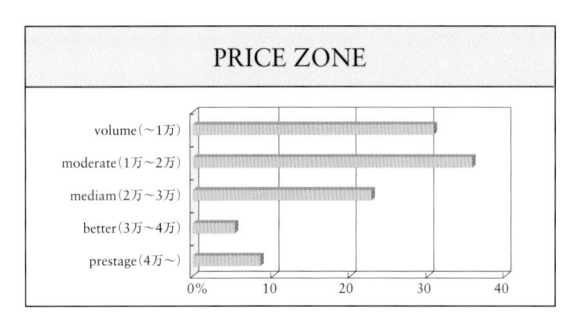

PRICE ZONE

- volume（～1万）
- moderate（1万～2万）
- mediam（2万～3万）
- better（3万～4万）
- prestage（4万～）

（0%～40%）

　ターゲットとなるのは、比較的若い年齢層の女性だが、ここではおしゃれにウェイトを置いた女性を意味するので、多少高額で良質な商品を取りそろえる。

③ ファッション・ディレクション

　次シーズンにおける情報分析、国外、国内のファッション情報、消費者情報、市場情報、トレンド情報を収集、分析し、流行予測と売れ筋予測を立てる。メーカー側の製品化計画におけるファッションの方向性、また小売業側であれば商品の品ぞろえ、店頭での売り方の方向性などを企画書にまとめたり、ディレクション・マップを作ってビジュアルにプレゼンテーションをする。

　これらはファッション・トレンドだけを分析して整理するのではなく、マーチャンダイザー、コーディネーターの予測と方向性を読む力がその中に入らなければならない。特に情報は早い時期にキャッチするわけであるし、生産から販売まで長い期間を要するのであるから、過去の売上げの実績情報などのデータ、現在の市場の流れも分析し、総合的に方向づけを設定する必要がある。そして、このディレクションは、あくまでも自社製品の販売ターゲットに絞り、次期シーズンの予測をまとめ、ディレクション・マップとして制作する必要がある。

④ コンセプトの設定

　コンセプトとは「概念」という哲学的な用語である。ファッション傾向に見られる特徴のことをいう。すなわち商品企画の上で総合的に大きな枠組みを作るわけで、消費者のターゲット、流行の受入れ方のバランス、それをどのようなイメージで作り、店頭でどのように売っていくのかという、商品企画での基本的な設定の確認である。そのために、店舗のブランドのコンセプトに合ったテーマに基づいたイメージを設定する。さらにイメージをライフステージ（オケージョン別、用途別、目的別）に分類する。ここでは、商品企画すなわち販売側としての商品の仕入れ、販売に向けての企画を制作する。

商品企画の具体案 – Ⅰ
【ブランド名、コンセプト、ターゲット、シーズン、アイテム、カラー、価格】

BRAND NAME	SONNEN BLUME（ゾネン ブルーメ）	
CONCEPT	「Sonnen Blume」とは、ドイツ語で「太陽の花（ひまわり）」という意味。「ひまわりのように明るくいたい」女の子のためのブランド。前向きで明るく輝けるような女の子に変身できるファッションを展開する。	
TARGET (Age, Job & Life Style)	18～25歳 学校や仕事、プライベートなとき、いつでもかわいくいたい学生やOL。都心に住み、学校や仕事帰りにも気軽に自由な時間を楽しむ女の子。	
SEASON	AUTUMN / WINTER	
ITEM	Pants Skirt One-Piece Coat Jacket Muffler Gloves Bag Hat Boots Pumps	
COLOR VARIATION	Black White Gray Beige Red Blue Navy	
PRICE ZONE	学生でも気軽に手にとってもらえるよう Medium(¥5,000～10,000) Better(¥10,000～20,000) が主力となる。	

商品企画の具体案 – Ⅱ
【ブランド名、コンセプト、ターゲット、シーズン、アイテム、カラー、価格】

BRAND NAME

Première

CONCEPT

Premièreとはフランス語で主演女優という意味である。
少女のようなときめきや遊び心を忘れない、
上品な大人の女性を演出するための
クラシックスタイルを展開。

TARGET (Age, Job & Life Style)

23～35歳の女性
自由な時間におしゃれなカフェやレストランで
食事を楽しみ、仕事にも熱心で前向きな、
社交的な女性。

SEASON

AUTUMN / WINTER

ITEM

Pants Skirt One-Piece Coat Jacket
Muffler Bag Gloves Hat Boots Pumps

COLOR VARIATION

Black White Red Brown Pink Gray Navy
Green Purple Beige

PRICE ZONE

Moderate(¥6,000～9,900) Medium(¥10,000～16,900)が主流となっている。
フォーマルな場面でも着られる質のいい商品を展開する。
Prestige(¥25,000～40,000)は少なめになっている。

⑤ アイテム

　スカート、パンツ、ジャケット、コートなど多くのアイテムがあるが、企業方針や市場情報、流行傾向などから決定する。アイテムをあまり広げすぎると幅が広がり、素材、色、サイズ展開などで無駄な面も出てくるので、アイテムは絞り、デザイン、素材、色などでバリエーションを出すほうが望ましい。特に単品コーディネートできるように、それぞれのデザインや色、素材に共通性を持たせることも大切である。現在は特に単品で商品構成をするのではなく、スタイリングの場面を設定して販売企画を立てることが大切である。

　アクセサリーも現在ではアパレル企業において洋服とトータルにとらえるため、靴、バッグ、ベルト、装身具なども展開されているが、靴、ベルトのようにサイズがあるものは、あまりデザインを広げすぎると在庫になるおそれがあるため注意する必要がある。

【セールス・マップ】

	No.00001		No.00002		No.00003		No.00004		No.00005
Item	Jacket	Item	Jacket	Item	Jacket	Item	Jacket	Item	Coat
Material	Cotton	Material	Cotton, Wool	Material	Leather	Material	Leather, Fur	Material	Polyester, Nylon
Color	Black, Brown	Color	Black, Navy	Color	Black, Grey	Color	Black, White	Color	Beige, Black
Size	S M L	Size	S M L	Size	S M L	Size	S M L	Size	S M L
Price	¥10,500	Price	¥12,850	Price	¥13,800	Price	¥13,980	Price	¥20,000

	No.00006		No.00007		No.00008		No.00009		No.000010
Item	Skirt	Item	Skirt	Item	Pants	Item	Pants	Item	Pants
Material	Wool, Polyester	Material	Alpaca, Wool	Material	Wool, Nylon	Material	Wool, Rayon	Material	Cotton, Polyester
Color	Black, Beige	Color	Black, Grey	Color	Black, White	Color	Black, Navy	Color	Brown, Beige
Size	S M L	Size	S M L	Size	S M L	Size	S M L	Size	S M L
Price	¥8,950	Price	¥13,400	Price	¥8,800	Price	¥9,980	Price	¥7,600

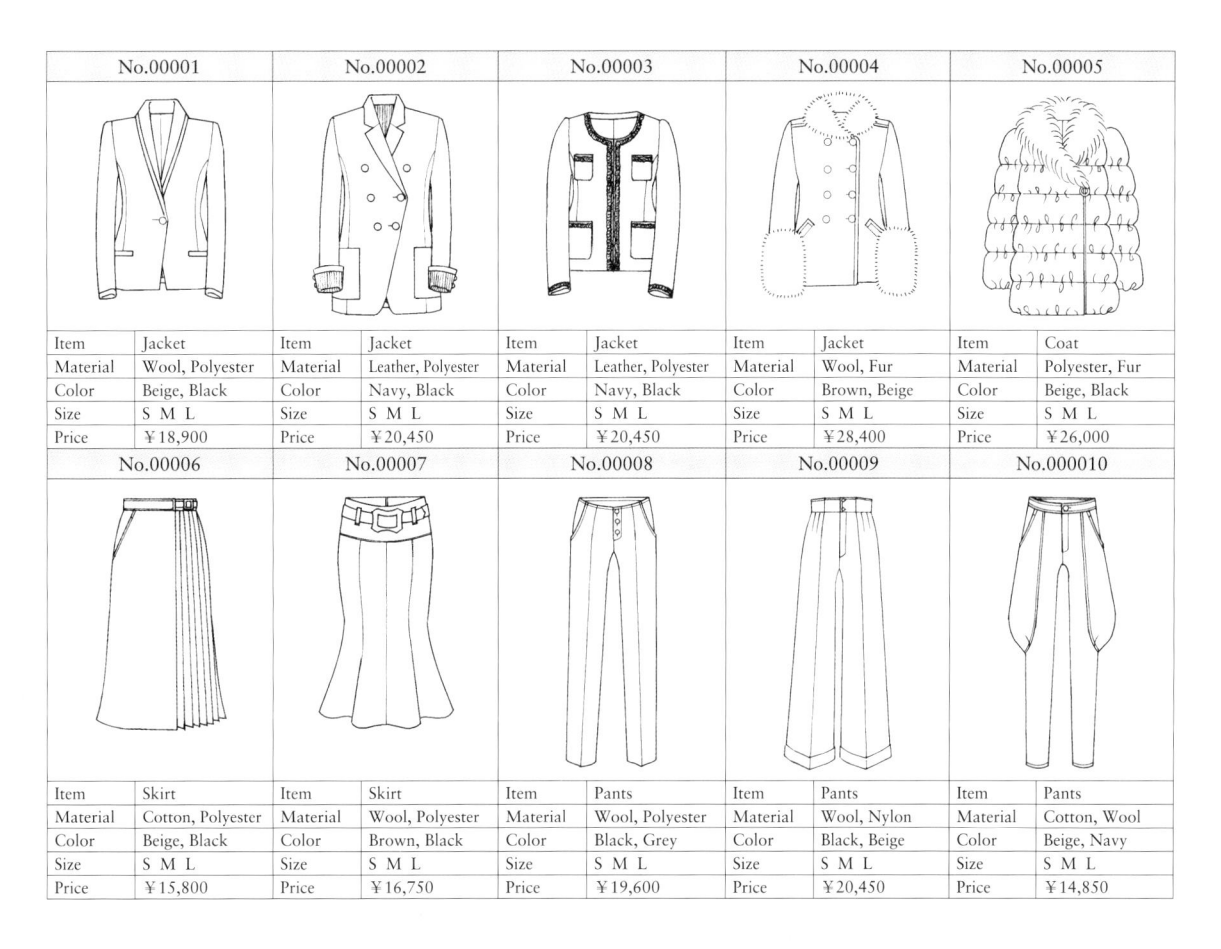

	No.00001		No.00002		No.00003		No.00004		No.00005
Item	Jacket	Item	Jacket	Item	Jacket	Item	Jacket	Item	Coat
Material	Wool, Polyester	Material	Leather, Polyester	Material	Leather, Polyester	Material	Wool, Fur	Material	Polyester, Fur
Color	Beige, Black	Color	Navy, Black	Color	Navy, Black	Color	Brown, Beige	Color	Beige, Black
Size	S M L	Size	S M L	Size	S M L	Size	S M L	Size	S M L
Price	¥18,900	Price	¥20,450	Price	¥20,450	Price	¥28,400	Price	¥26,000
	No.00006		No.00007		No.00008		No.00009		No.000010
Item	Skirt	Item	Skirt	Item	Pants	Item	Pants	Item	Pants
Material	Cotton, Polyester	Material	Wool, Polyester	Material	Wool, Polyester	Material	Wool, Nylon	Material	Cotton, Wool
Color	Beige, Black	Color	Brown, Black	Color	Black, Grey	Color	Black, Beige	Color	Beige, Navy
Size	S M L	Size	S M L	Size	S M L	Size	S M L	Size	S M L
Price	¥15,800	Price	¥16,750	Price	¥19,600	Price	¥20,450	Price	¥14,850

	No.00001		No.00002		No.00003		No.00004
Item	Hat	Item	Beret	Item	Muffler	Item	Bag
Material	Wool, Polyester	Material	Wool, Cotton	Material	Fur	Material	Cotton
Color	Black, Brown	Color	White, Beige	Color	White, Brown	Color	White, Beige
Size	Free	Size	Free	Size	Free	Size	40 × 30 × 15
Price	¥8,900	Price	¥7,850	Price	¥13,700	Price	¥9,450
	No.00005		No.00006		No.00007		No.00008
Item	Gloves	Item	Gloves	Item	Boots	Item	Boots
Material	Wool, Fur	Material	Wool, Leather	Material	Leather	Material	Leather
Color	Brown, Purple	Color	Beige, Green	Color	Black, Brown	Color	Black, Brown
Size	Free	Size	Free	Size	S M L	Size	S M L
Price	¥10,360	Price	¥9,600	Price	¥12,800	Price	¥13,740

No.00001		No.00002		No.00003		No.00004	
Item	Bag	Item	Bag	Item	Bag	Item	Bag
Material	Leather	Material	Leather	Material	Fur, Polyester	Material	Leather
Color	Black, Beige	Color	Brown, Beige	Color	White, Beige	Color	White, Brown
Size	30 × 40 × 15	Size	30 × 36 × 15	Size	28 × 35 × 10	Size	30 × 38 × 10
Price	¥12,600	Price	¥10,950	Price	¥13,600	Price	¥10,780
No.00005		No.00006		No.00007		No.00008	
Item	Pumps	Item	Pumps	Item	Pumps	Item	Boots
Material	Leather	Material	Leather, Wool	Material	Leather	Material	Leather
Color	Black, Brown	Color	Beige, Black	Color	Black	Color	Brown, Grey
Size	S M L	Size	S M L	Size	S M L	Size	S M L
Price	¥10,700	Price	¥14,000	Price	¥11,750	Price	¥12,500

⑥ **商品のコーディネート**

　コンセプト、アイテムが決定すると、ブランド別、コンセプト別に商品をどのように売るかの企画を立て、トレンディな商品とベーシックな商品のバランス、さらにそれぞれのコンセプトに分類されたスタイル特性を基本に、店舗展開をする。一方では販売量、価格、商品ゾーンを決める。売るための商品であるという、マーケティングを意識した品ぞろえでなくてはならない。これらの商品を販売するためのイメージ別、ルックス、ディテールを整理し、デザイン、素材、色を組み合わせ、アクセサリー展開を考慮に入れ、販売員がスタイリングのコーディネート提案もできるようにすることも大切である。

第7章　ファッションショー

1　ショーの目的

　オートクチュールのデザイナー、プレタポルテのデザイナー、メーカー、商社、小売業、団体、学校などが開催するショーなど、それぞれショーの形態は異なる。目的は、新しいファッション傾向を見せるため、デザイナーの自己主張、プレステージを高めるため、あるいは各企業のイメージを高めて顧客、バイヤーの注文を取るため、または一般消費者にPRのために行なうショーなど様々である。

2　ショーの会場と形態

　大ホール、小ホール、体育館、スタジアム、ホテルの舞台やステージで多くの観客に見せるショー、展示会場でバイヤーに見せるショー、デパートや小売店で顧客に見せるフロアショー、スタジアムなどの大がかりなショーなど、ショー会場の形態もそれぞれ異なってきた。現在は、従来のような一般の顧客に見せるショーよりも、バイヤー、報道関係者などの専門家に見せるショーが多くなってきている。

3　ファッションショーの組織図と各種役割

　ショーを開催するにあたっては、企画の段階で組織図に基づく各種スタッフと責任者を構成し、明確に役割分担を行ない、決められたスケジュールでショーを遂行しなければならない。

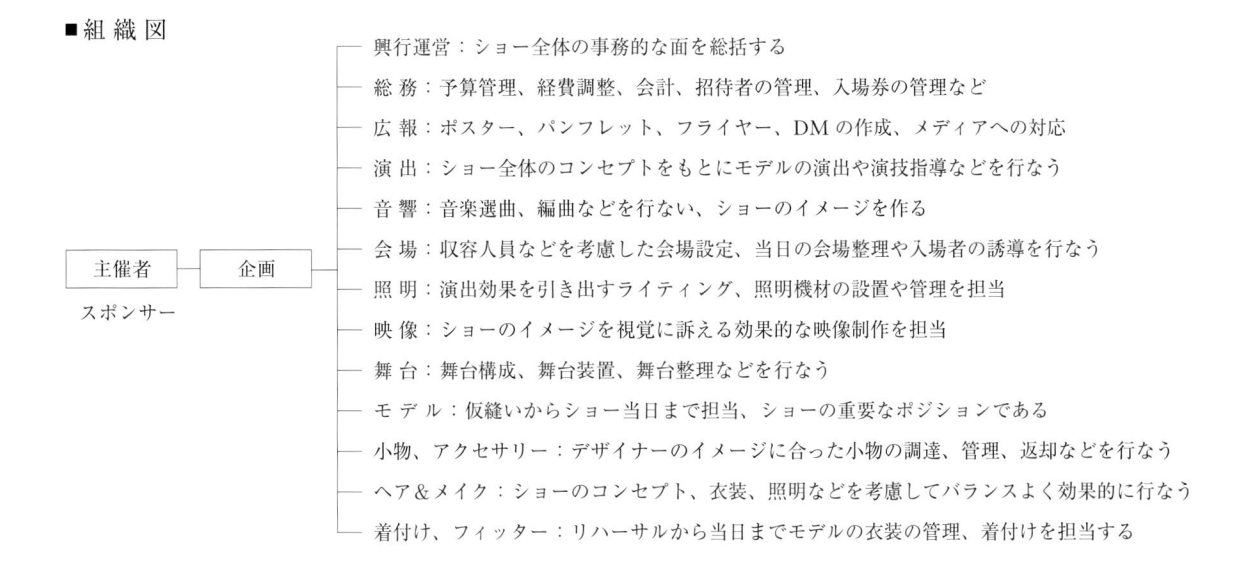

■組織図

主催者（スポンサー） ― 企画
- 興行運営：ショー全体の事務的な面を総括する
- 総　務：予算管理、経費調整、会計、招待者の管理、入場券の管理など
- 広　報：ポスター、パンフレット、フライヤー、DMの作成、メディアへの対応
- 演　出：ショー全体のコンセプトをもとにモデルの演出や演技指導などを行なう
- 音　響：音楽選曲、編曲などを行ない、ショーのイメージを作る
- 会　場：収容人員などを考慮した会場設定、当日の会場整理や入場者の誘導を行なう
- 照　明：演出効果を引き出すライティング、照明機材の設置や管理を担当
- 映　像：ショーのイメージを視覚に訴える効果的な映像制作を担当
- 舞　台：舞台構成、舞台装置、舞台整理などを行なう
- モデル：仮縫いからショー当日まで担当、ショーの重要なポジションである
- 小物、アクセサリー：デザイナーのイメージに合った小物の調達、管理、返却などを行なう
- ヘア＆メイク：ショーのコンセプト、衣装、照明などを考慮してバランスよく効果的に行なう
- 着付け、フィッター：リハーサルから当日までモデルの衣装の管理、着付けを担当する

4　舞台案

　ショー会場によって舞台は異なるため、それぞれの舞台の大きさや収容人数などを充分考慮する必要がある。ショーで効果的な演出を行なうためには、舞台の長さや幅、高さに合わせた照明機材の配置が重要となる。

照明

舞台
ジャンポール・ゴルチエ 2010-11 AW

客席図

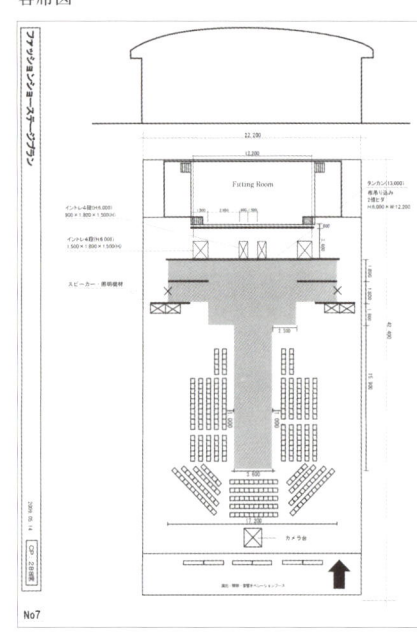

舞台
客席
照明機材
映像機材
音響機材
スピーカー
パネル

5　企画のポイント

　企画のポイントは、ショーのテーマとコンセプトを明確にすることである。ショーの目的、内容を伝えるメッセージなど、すべての要素が加味された企画を立てることが大切である。デザイナーの個性、企業の商品イメージ、ブランド・イメージ、ファッションの流行予測、現在の社会、文化、風俗に対応するキャッチフレーズ、カラー、素材、デザインの傾向、モデルも考慮に入れて決める。

6　テーマの設定

　ショーのイメージ、流行のトレンド、主催する企業や、デザイナーの意図を充分に生かし、方向性を加味しながら様々な観点からテーマを決定する。

7　コンセプト分析、イメージ分析

　国内外のファッション情報やその時代性、社会の状況などを分析し、イメージを膨らませながら観客にインパクトを与えるようなコンセプト（概念）を決め、イメージマップなどを制作し、ビジュアル化して、カラー、デザイン、素材、イメージなどを分析し、設定していく。ショーの形態によって異なるがそのショーの内容を伝えるメッセージを含め、ショーの意図に合ったパートに絞る。

例 Part Ⅰ　コンセプト「マニッシュ＆ミリタリー」
　　　　　　イメージ「モダン、シンプル、現代的、
　　　　　　機能性と合理性」

　　Part Ⅱ　コンセプト「エスニック」
　　　　　　イメージ「大地、異民族、癒し、民族衣
　　　　　　装、異文化」

　　Part Ⅲ　コンセプト「アバンギャルド」
　　　　　　イメージ「カジュアル、革新的、先端的」

全体のアウトラインが決定したら全体のスケジュール表を作成し、それぞれの部署に配布して活動に入る。

8　デザインの具体化

ショーの内容を形として表現するためにデザイン画を描き、具体化する。素材、デザイン、ディテール、付随するアクセサリー、モデルなども考慮に入れ、音楽、照明、ナレーションなどで演出する。

9　イメージとデザイン画

以下のイメージ例のように、それぞれのシーンを設定し、イメージマップを作り、ショーのスタッフと常にミーティングを行ない、デザイン画でイメージを具体化していく。

マニッシュ＆ミリタリー・ファッションイメージ

1. 6. バルマン 2010-11 AW　2. クリスチャン・ディオール 2010-11 AW　3. 7. ロエベ 2010-11 AW　4. 5. エルメス 2010-11 AW

第 7 章　ファッションショー　79

エスニック・ファッションイメージ

1. ケンゾー 2010-11 AW　2～6. ジャンポール・ゴルチエ 2010-11 AW

アバンギャルド・ファッションイメージ

1. ロエベ 2010-11 AW　2、3. ジョン・ガリアーノ 2010-11 AW　4. カステルバジャック 2010-11 AW　5. クリスチャン・ディオール 2010-11 AW　6. ヴァレンティノ 2010-11 AW

マニッシュ&
ミリタリー

エスニック

アバンギャルド

第 7 章 ファッションショー

10　時間とショー作品の点数

　時代とともにショーの形式も変化している。一点一点丁寧に見せるオートクチュールや、大量に見せるプレタポルテなど、ショーの内容によって異なる。現在ではデザイナーによっては、大型スクリーンで映像を映し出して世界に情報を放映し、瞬時にショーの状況を流す方法がとられ、デザイナーそれぞれの個性と感性を演出するなど、様々な趣向が凝らされるようになった。

本番　ショー　マニッシュ＆ミリタリー

2010年国際ファッション文化学科のファッションショー

エスニック

2009年国際ファッション文化学科のファッションショー

アバンギャルド

2010年国際ファッション文化学科のファッションショー

11　モデル

　ファッションショーの主役であるモデルは、デザイナーの意図を理解し、服の魅力を最大限に表現しなければならない。また、常にプロポーションを維持し、ウォーキングの練習なども欠かさず行なう必要がある。ショーのときはフィッティングやアクセサリー合わせ、リハーサルなど長時間にわたるので、体力と精神力も求められる。

12　照明

　照明技術も進化し、事前にコンピューターにデータをインプットするようになった。当日はさらに照明機材を活用し、ショーを効果的に演出することが望ましい。

13　ドレッシングルーム

　モデルやスタッフが活躍する楽屋はショーの規模によっても異なる。衣装、アクセサリー、ハンガーラック、鏡、アイロンなど多くのものが入るので、常に整理、整頓をし、皆が動きやすいように気配りすることが重要である。現在はヘア＆メイクも重要な役割を持っているので、別のスペースが必要である。

14　プレス担当

　プレス担当は、招待客やジャーナリスト、カメラマンなどの報道関係者に常に情報を発信し、チケット、ポスター、プログラムなどの手配をする。当日は招待席を決め、客の誘導や、主催者のデザイナーや企業のスポンサーなどに対応し、ショー全体がうまくいくように常に気配りをして様々なものに対処できるようにすることが大切である。

第8章　ファッション心理学

　ファッション心理学（Psychology of Fashion）とは、ファッション（流行、服飾）に関する現象に対して、個人、対人、集団、社会、文化の視点から心理学的にアプローチするものである。ファッションは人々に大きな喜びや元気、刺激、興奮、また悲しみや、暗さ、恐怖感、絶望感など、喜怒哀楽にかかわる心理的な影響を与えると考えられる。

　人々は毎日の様々な生活の場面で、衣服を着用して生活している。服飾の持つ意味は人々の行動、ファッションに関する社会現象など、ファッションに関連する人間の心理的、社会的機能全般にかかわっている。

　包括される内容は、ライフスタイルとファッション（様々な生活の場面）、自己とファッション（ファッション意識、社会的規範としての着装行動）、知覚とファッション（色、デザイン、気分、イメージ、着心地など）、また集団、社会とファッション（社会現象や流行とファッション、購買心理、作業効率）、ファッションと対人関係（被服や制服と対人行動、高齢者の生活意識と生活行動）などであり、応用として、ファッションとクオリティ・オブ・ライフ、ファッションとリラクセーション、顔と化粧の心理、ファッションセラピーなどが考えられる。

　また、ファッション心理学は、特に個人や集団のクオリティ・オブ・ライフに関するものが含まれ、その向上を目指す分野でもある。

　人々の毎日の生活を送るためのクオリティ・オブ・ライフ、すなわち質を高めるライフスタイル全般が含まれる。

　ファッション心理学は色彩心理、リラクセーション、ヘア・メイクアップの心理、ファッションセラピーなど、最も人々に密接にかかわり、結果が明快に感じ取れる心理学の一領域であることから、心身の健康や心のケアなどに役立つカウンセリングの技法と連携した、応用分野として確立されることが期待される。

　特にファッションの世界で重要とされる色彩は、視覚的、感情的、生理的、物理的に多くのメッセージを発信し続けている。気分がよくない場合には、明るい色のファッションを着用したり、デザインの華やかなものを着用することによって気分を高揚させる力を持っている。メイクアップの効力も多くの事例が出ている。高齢者に対する化粧では、華やいだ気分や若さを意識させる効果がある。また、障害を抱えているボディ、顔などへのメディカル・メイクアップも現在様々な研究がなされている。

　心身共に健康な「いきいきライフ」を送るためにも、密接な関係にあるファッションと心理学は、今後の大きな研究課題でもある。

　ファッション心理学はこれからのライフスタイルには欠かせない重要な学問として、多くの人々の心に安らぎを与える学問となろう。

第9章　ファッションの専門用語

　ファッションの専門用語は、スタイリスト、コーディネーターにとって仕事の中で必要とされる知識である。

　ファッションは、視覚や感覚からイメージすることから、人によってとらえ方が違う場合もあり、時代によって解釈が違う場合もある。日本のファッションの歴史は浅く、欧米諸国から学んだ点が多いので、フランス語や英語がそのまま日本のファッション用語になった経緯もあり、造語も多い。また、ファッションの専門用語にも流行があり、時代とともに変化するのも特徴がある。

1 アースカラー（earth color）
「地球の色」の意。1970年代にエコロジー運動の一環として提唱された頃は、地球の大地をイメージする茶系の土の色が代表とされたが、基本的に自然環境に見られる色調を総称する。

2 アール・デコ（art déco）仏
　1920～'30年代のフランスを中心にヨーロッパ全域に広がった生活デザインの様式。直線と立体のモダンな構成で、芸術と産業の融合が試みられた。

3 アール・ヌーボー（art nouveau）仏
　1890年から1910年頃のヨーロッパに花開いた芸術運動。アール・デコと対極のデザイン様式で、曲線使い、装飾性が強い。機能性重視ではなく、優美さ、退廃美にあふれた世紀末的な感があった。

4 アイコンショップ（icon shop）
　多店舗展開の中でも、特にプレミアム度の高い商品ばかりをそろえた、店舗群のアイコン（目印）とされる店をいう。

5 アウトオブファッション（out-of-fashion）
　流行の盛りを過ぎたファッション。「流行後れの」という意味で、アウトオブデイト（時代後れの、旧式の、すたれた）と同じように用いられる。

6 アカウントエグゼクティブ（account executive）
　通称AE。アカウントは「広告主、顧客、得意先」を指す広告業界用語で、広告主の広告費を取り仕切る広告会社側の営業責任者を指す。アカウントにはまた「勘定、計算書」の意味もある。

7 アクセサリーウェア（accessory wear）
　ウェア（服）のような感覚で身に着けられるアクセサリー的なグッズの総称。アームウォーマーやチューブケープレットなどウェアの延長として用いられるグッズ類をこのように呼んでいる。

8 アルファベットライン（alphabet line）
　アルファベットの文字の形になぞらえたシルエット表現を総称する。Aライン、Xラインといったものがそれで、1954年秋冬向けパリ・オートクチュールコレクションで、クリスチャン・ディオールが発表したHラインがその始まりとされる。こうした傾向は'58年まで続き、ファッション史ではこの時代を「アルファベットラインの時代」と呼んでいる。ラインの意味が極めてわかりやすいのが特徴。

9 アンチフォルム（anti-forme）仏
　フランス語で「形を否定した」の意。破壊型ファッションをこのように呼んだもので、これまでの伝統的な服の形を否定して新しい創造性を見せたファッションを総称している。

10 アンドロジナス（androgynous）
　1920年代のギャルソンヌルックのような、男でもなく女っぽさもない男女共有のファッション。

11 インフォーマルウェア（informal wear）

「略礼装」の意。セミフォーマルウェア（準礼装）に次ぐ礼装のことで、「略装」とも称される。インフォーマルは「正式でない、非公式の、略式の」という意味で、服装や態度が「打ち解けた、形式ばらない、くつろいだ」という意味がある。昼夜による着分けもそれほど問われることがない。

12 ウェアラブルファッション（wearable fashion）

ウェアラブルは「身に着けられる」という意味。体に着けて用いる情報機器を装備した衣服の概念をいう。

13 エコクチュール（eco couture）

エコフレンドリー（eco-friendly　環境に優しい、自然環境に合っている）であることを意識した服作りの考え方をいう。エコという概念は今やファッションにとって欠かせないキーワードの一つとなっている。

14 エコスタイル（eco style）

地球温暖化など環境問題に関する意識の高まりがもたらしたスタイル。自然を尊重し、環境に負担をかけないライフスタイル。

15 エスタブリッシュ（established）

「確立した、定着した」の意で、ファッションテーストでは、一つのスタイルとして完全に成立したレベルを指す。

16 SPA
（speciality store retailer of private label apparel）

生産と販売を一体化したアパレル事業形態のことで、日本語では「製造小売業」とか「製造直売型専門店」などと表現される。元々は1980年代後半にアメリカのカジュアル専門店チェーン、GAPが自社の形態についていったもので、これが日本に導入されてSPAという略語で広まった。アパレル商品の企画から生産、販売までのすべてを自社で行なう垂直型のシステムが特徴で、その商品は自社の直営店のみで販売されるのが原則となる。メーカー系のSPA（店持ちアパレル）と、ショップ系のSPA（メーカー機能を持つ専門店）の2タイプがある。

17 オーガニックファッション（organic fashion）

オーガニックは「有機栽培の」という意味で、化学的な処置や染色などを施さない自然のままのオーガニックウールやオーガニックコットンなどの素材で知られるが、エコロジーに配慮したファッションを総称する。

18 オートクチュール（haute couture）仏

フランス語で高級仕立て、高級裁縫の意で、「高級注文服」また「高級衣装店」を指す。とりわけパリにおける婦人服のそれをいうことが多く、パリ・オートクチュールは今や注文服作りの最高の位置にあるとされる。生地、仕立てともに最高級の完成度を持ち、値段も驚くほど高価になる。

19 オールディーズファッション（oldies fashion）

オールディーズは本来「古い流行歌、懐メロ」を意味するアメリカの俗語で、特に1950〜'60年代のポップスを指すことが多い。ファッションでは、'40〜'60年代の若者風俗をモチーフにしたスタイルをいうことが多い。

20 オプティカルカラー（optical color）

オプティカルは「視覚の、光学の」という意味で、1960年代に流行したオプティカルアート（視覚芸術、略してオプアート）に見られるような、人工的ではっとするような鮮やかな色調をいう。

21 カシュクール（cache cœur）仏

着物のような打合せの衿あきで、両胸をおおい、胸で交差させて着る短い胴着のような衣服。

22 クチュリエ（couturier）仏

元の意味は「（男性の）裁縫師」だが、主とし

てパリのオートクチュールにおける男性の主任デザイナーを指す。女性のそれはクチュリエール（couturière）と呼ばれる。

23 クラスカジュアル（class casual）

ここでいうクラスは口語で「上品さ、気品」また「上等な、優秀な」という意味で用いられる。つまり他とは一味違った品のよさを感じさせるカジュアルファッションを指してこのように表現したもの。

24 クロスジェンダー（cross-gender）

「性を横断する」という意味で、男性、女性といった性別の交差、あるいはそれを乗り越えることをいう。ジェンダーとは社会的また文化的な意味での「性」を表わし、別にトランスジェンダー（trans-gender）とかジェンダーレス（genderless）とも呼ばれる。従来つかわれていたユニセックス（性の同一）やトランスセックス（性の超越）などの表現に代わって用いる例が増えている。

25 コーディネートブランド（coordinate brand）

一つのコンセプトのもとに、様々なアイテム（服種）を特定のイメージでコーディネートして構成したブランドの総称。1970年代以降のアパレル卸商発のブランドは、ほとんどがこれということになる。

26 コーポレートカジュアル（corporate casual）

企業（会社）のカジュアルという意味で、オフィスカジュアルやビジネスカジュアルなどと同義。1990年代に入って提唱されたフライデーカジュアルを端緒に発展してきたもので、現在ではクールビズやウォームビズの基盤とされている。

27 コモディティウェア（commodity wear）

コモディティは「日用品、必需品」の意で、ここから「普通服」の意味を込めてこのように呼ばれるようになったもの。流行を意識したファッショナブルな服とは対照的に、流行に左右されず、普通の感覚で着ることができるきわめて日常的な服という解釈がなされる。

28 コンフェクシオン（confection）仏

英語読みでコンフェクションともいう。元の意味は「製造、仕立て、完成」といったことで、ファッションとしては「既製服＝でき合い服」、特に大衆的な婦人既製服を指すニュアンスが強い。プレタポルテが中級から高級の既製服を意味するのに対比して用いられる。

29 サブカルチャー（subculture）

「部分文化、副文化、下位文化」などと訳され、ある社会や文化の中の「異文化」、またその集団の行動様式といった意味で用いられる。略して「サブカル」ともいい、日本のアニメやコスプレ、オタクといった文化がそれに当たるとされる。

30 サブカルファッション（subculture fashion）

サブカルチャー（副文化、下位文化）から派生したファッションの総称。ロックミュージカルから生まれたパンクルックやゴスロリ系のファッション、またアニメなどのキャラクター物やセクシーテーストのコスチュームファッションが代表的な産物とされる。

31 サンクチュール（sans-couture）仏

サンは否定を表わすフランス語で、これまでの服作りの方法を否定しようとする新しい動きを指す。つまりはアンチクチュールの意味で、これまでのきれいなだけのクチュールの考え方を破壊し、全く異なる観点からの服作りに挑戦しようとする姿勢を示している。

32 ジオメトリック（geometric）

幾何学的、抽象的な線や図形での構成、直線を基本とする格子、三角形、四角、菱形などを組み合わせた様式を表現したオプ・アート・プリント柄やデザインを表現したもの。

33 ジップアップドレス（zip-up dress）
ジッパーをデザイン上の特徴として作られたドレス、またジッパーの開閉によって着脱できるようにしたドレスの意。ジッパーを前面の半分ほどだけにつけたものや、フルジップといって首もとから裾線まであしらったものなど、様々なタイプがある。

34 シネモード（cine-mode）
映画（シネマ）に見るファッション、また映画から生まれたファッション。情報量が少なかった戦前、戦後の時代は映画が大きな力を持ち、様々なモードが映画から生まれた。これは和製語で、英語ではシネマファッション（cinema fashion）などという。

35 シノワズリ（chinoiserie）仏
「中国趣味風」の意。東洋の絹織物、中国刺繍など、18世紀のヨーロッパではロココ様式の時代に珍奇なデザインが好まれ、東洋の中国や日本の花鳥風月の更紗などが、モードや陶器、漆器、扇子などに取り入れられた。

36 ジャポニスム（Japonisme）仏
「日本趣味」の意。元々は19世紀のヨーロッパに起きた日本趣味の大流行をいったもので、絵画や工芸品などに大きな影響を与えて、今日に至っている。アール・ヌーボーなどにもその影響が色濃く見られる。

37 シュルレアリスム（surréalisme）仏
英語ではシュールリアリズム（surrealism）という。「超現実主義」と訳される20世紀の美術表現の一つで、超意識の表出を描くところに特徴が見られる。

38 スキンコンシャス（skin conscious）
「皮膚意識」の意。ボディコン（ボディコンシャス）の発展形として1990年代に生まれた用語。皮膚そのものを意識させる、体にぴったりフィットするストレッチ素材のパンツや、肌を露出させるようなシースルー調の衣服などで表現されるファッションを指す。

39 スタイルコンシャス（style conscious）
「スタイル意識」の意。ファッションの表現で、何よりもスタイルの美しさにこだわろうとする考え方をいう。内面よりも見た目の美しさを重視する最近の傾向をとらえた用語。

40 ストリートモード系
東京のストリートスタイルを基調に、モード性を意識したミックススタイル。

41 スノビズム（snobbism）
紳士好み、気取り趣味。スノッブから生まれた考え方を指し、多くは当人を小馬鹿にする意味で用いられるが、最近では超高級品で気取りまくった究極のおしゃれ趣味をこのように呼ぶことがある。

42 スローライフ（slow life）
1980年代後半、北イタリアに起こったスローフード運動に端を発したライフスタイルのあり方をいう。「早くて安い」ファストフードを拒否した地産地消型のスローフードの精神に基づいて、もっとゆったりとした時間の流れの中で生活を楽しもうとするライフスタイルを指す。

43 セミフォーマルウェア（semiformal wear）
「準礼装」の意。モーストフォーマルウェア（正礼装）に準じる礼装のことで、「半礼装」ともいう。正礼装に次ぐ格式の高さが求められる。

44 ソワレ（soirée）仏
ソワレは「夜会」の意。胸が大きくあき、首筋や背中をあらわにしたロング丈の正式な夜のドレスのこともいう。

45 タイユール（tailleur）仏
紳士服仕立て、または紳士服のように仕立てられ

た女性のテーラードジャケットで、紳士服の要素が女性の洋服に取り入れられた。

46 テーストミックス（taste mix）

テースト（味わい）の異なるファッションアイテムを、わざとミックスさせて楽しむ着こなし方。意表を突く着こなしの一つで、俗に「はずし」とか「くずし」などとも呼ばれる。こうした様子をミックススタイル（mix style）などともいう。

47 デコンストラクト（de-construct）

「非構築の、組み立てない」の意。何ものにも拘束されることのない開放的なファッション表現を指す。野放図なようでいながらエレガントな表情をくずさないのが、現代版の持ち味となっている。

48 読モ

雑誌の読者モデルの略。

49 トランスアダルト（trans-adult）

新しい世代区分を示す分類の一つで、およそ30歳から34歳くらいの年齢層を指す。これまで「ミッシー」とか「ヤングミセス」などと呼ばれた層と、完全なアダルト層のはざまにあたるゾーンをいい、大人への過渡期にあたる層として注目されるようになった。

50 トランスカジュアル（trans-casual）

トランスは「超えた、超越した」の意。これまでの考え方にとらわれず、自由な感覚で好きなように組み合わせたカジュアルウェアの着こなしを指す。

51 トランスパランス（transparence）仏

英語ではシースルー。1968年、サンローランが透けて見える、シフォンの布のファッションを発表して話題をまいた。その時代のモラルを破るファッションはその後、布の軽やかさや、軽快さでトランスパランス・ファッションとして定着していった。

52 ドレスコード（dress code）

服を着るうえでのさまざまな取り決め。コードは「規則、規範」の意で、職場や学校などにふさわしい服装基準のほか、特定のレストランなどに入る場合の服装やパーティでの服装指定など様々な場所で見られる。現代社会で生活するなら身につけておかなければならないマナーの一つとされる。

53 トレンド（trend）

「傾向、方向、趨勢」の意で、これから来るであろう方向性を示す。ファッショントレンドは、これからのファッションの傾向を先取りして示す「流行の先端」の意味で用いられ、トレンディとなると「最新流行の、粋な」という意味になる。

54 トレンドセッター（trend setter）

「流行の設定者」の意。流行傾向をいち早く察知して示唆する人を指し、流行仕掛け人などとも呼ばれる。ファッションリーダーよりも専門的なニュアンスが強く、ファッションデザイナーなどにこうした人が多く見られる。

55 トロンプルイユ（trompe-l'œil）仏

「だまし絵＝実物のように見える絵」また「見かけ倒し、まやかし」の意。プリントや刺繍などによって、あたかも別のものが実在しているかのように見せかけるデザイン上のテクニック。

56 ナノテクファッション（nanotech fashion）

ナノテクはナノテクノロジー（nanotechnology）の略で、「超微細技術」の意。これを応用して作られるファッション商品を総称し、そうしたものをナノテク衣料などと呼んでいる。例えば、しょうゆなどをこぼしても汚れない撥水性に優れたものなどがある。ナノは「10億分の1」を表わす。

57 ニューベーシック（new basic）

「新しい基本」の意で、ニュースタンダード（new standard　新しい基準）と同義に扱われる。時代が

変化する中で求められてきた新しい基本とか基準を示すもので、ニューベーシック商品というと、現代的なファッション感覚を持ちながらも、機能的で実用的かついい質感を特徴とするものを指す。

58 ハイブリッド（hybrid）
「雑種、混成物」の意で、ファッションでは異なる要素のものを混ぜ合わせるスタイルや着こなしを指す。クロスオーバーやフュージョンなどと同種のファッション表現。

59 バッスルスタイル（bustle style）
1870年から'90年頃までの女性の服装。バッスル（フランス語ではトゥールニュール tour-nure という）と呼ばれる腰当てをスカートの後ろ内部に入れ、お尻の部分だけを大きく膨らませる形を特徴としたもので、クリノリンスタイルからの大きな変化とされる。

60 パンク（punk）
短く刈り込んだ髪をピンクやオレンジ、緑などに染め上げた若者たちが、ロンドンに現われ、保守的な英国の町に反体制的なファッションを表現した。

61 ピーチスキン（peachskin）
化学繊維の高度な技術を駆使して生まれた、独特の質感で、桃の表皮のように薄いけばを持つ合繊の布のこと。1980年代以降の合繊ブームを巻き起こした。

62 ビジュアルマーチャンダイジング（visual merchandising）
VMDと略して呼ばれることが多い。「視覚的効果に訴える商品政策」という意味で、店頭で商品展開の特徴をわかりやすく魅力的に伝える手法をいう。単なるディスプレーとは異なり、店まるごとでブランドやショップの持つ独自のコンセプトを、一目で客に理解させることが最も大切なポイントとされる。日本VMD協会では、これを「マーチャンダイジングの視覚化。商品をはじめ、すべての視覚的要素を流通の現場で演出し、管理する活動」と定義している。

63 ビスポークテーラー（bespoke tailor）
ビスポークは「語りかける」を原意にしたもので「あつらえの、注文の」という意味。つまりは注文紳士服店をいう英国的表現で、ビスポークだけでも「注文服」の意味がある。顧客との語らいの中から服を作ったという原点を示す言葉として興味深いものがある。

64 ヒッピーファッション（hippy fashion）
戦争と物質文明を拒否し、宗教や自然回帰を世界中の若者に呼びかけて世界各地に現われたヒッピーが一つの社会現象となり、彼らの独特の長髪、サイケデリックなTシャツ、ジーンズ、ヘアバンドなどが、ファッションとして表現された。

65 ビンテージ（vintage）
本来は極上のワインやそれが作られたワインの当たり年を指し、そこから古くなって値打ちのあるものを表わすようになった。一般に「年代物の、銘柄の、特に優れた」という意味で用いられる。

66 ファストファッション（fast fashion）
ファストは「速い、素早い、速やかな」の意でファストフードファッション（fast food fashion）ともいう。ハンバーガーなどのファストフード（素早く食べることのできる食品）のように、シーズンの流行を取り入れて、素早く、かつ手頃な値段で店頭に並べられるファッション商品を指す。元々はスウェーデンの大型衣料品店「H&M」に見る方法を指して作られた造語ともされる。俗にファーストファッションとも呼ばれる。

67 ファッショニスタ（fashionnista）
ファッションに敏感で、常にトレンドセッターとして、自分自身でも努力している人。

68 ファッションアイコン（fashion icon）
誰もがファッショナブルと認めるような、シンボル的な存在のおしゃれな人。

69 フェイクファー（fake fur）
本物の毛皮に似せたイミテーションの毛皮。1980年代に動物愛護運動が起こり、本物の毛皮が排除され、それに代わり本物に似せた毛皮がファッションの世界に登場した。

70 フェティッシュファッション（fetish fashion）
フェティッシュは「呪物、迷信の対象」また「性的倒錯の対象物」といった意味。つまりSM（サド・マゾ）的なファッションやボンデージ系のいかがわしい官能的なルックスを称する。フェティシズムは「呪物崇拝」を指し、単に「フェチ」とも呼ばれる。

71 フォーマルウェア（formal wear）
礼服、式服、礼装の総称。冠婚葬祭などの儀礼の場で着用しなければいけないとされる衣服のことで、つまり「正装」を意味する。フォーマルは「慣習などに従った、型にはまった」また「正式の、公式の、本式の」といった意味。

72 ブラックタイ（black tie）
公式レセプションなどの正式な催しの際にタキシード（ディナージャケット）の着用を義務づけるためのドレスコード。ブラックタイはタキシードにつき物の黒の蝶ネクタイを表わし、招待状にこの文言があれば、それはタキシード着用を暗に促していることになる。

73 ブラックフォーマル（black formal）
黒い色の服を中心としたフォーマルウェアのことで、特に婦人服における冠婚葬祭用のフォーマルウェアを総称する。対語はカラーフォーマル。

74 プリミティブ（primitive）
原始的な、素朴なの意味。文明が高度になるにつれ、人間は、自由で素朴なものへの憧れを持ち、生命力、単純さや明快さ、おもしろさに思いを募らせる。ファッション、美術、デザインにおいて、新しさや近代的なものの対極の位置にある。

75 プレス（press）
報道機関、編集者、記者など報道関係者のこと。ファッションを単に物としてとらえるだけでなく、情報として様々な要素を加えながら伝えていく。

76 プレタポルテ（prêt-à-porter）仏
フランス語ですぐに着られるという意味からきたもので、「既製服」の意味になる。日本では有名なデザイナーの手になる既製服ということで、これを「高級既製服」の意味としている。オートクチュールとは違って、買ってすぐに着ることができるのが最大の特徴。

77 ベルエポック（Belle Époque）仏
ノスタルジックな思いをこめて呼ばれる時代。19世紀末から、第一次世界大戦の勃発（1914年）までの、世紀末の頽廃的な暗さから抜け出して楽しく陽気な20世紀初めの古きよき時代をいう。

78 ポップアート（pop art）
1950年代、ロンドンでリチャード・ハミルトンたちが、日常生活で使う、通俗的なポピュラーなものを取り上げて美術作品としてポピュラー・アートと呼んだ。これの短縮語がポップアートとなったが、高尚なものだけでなく自由に楽しく若々しい心を表現したファッションをサンローランが'66年に「ポップ・ファッション」として発表し、その後も多くのデザイナーが発表した。

79 ボディコンシャス（body conscious）
マドンナに代表されるような、ぴったりとしたビュスチエスタイル。女性の体を意識したぴったりとしたパンツスーツやボディスーツなど、アズディン・アライアによって発表されたボディコンシャスなファッシ

ョンは、ボディコンスタイルとして流行した。

80 ボヘミアンルック（bohemian look）
放浪民のロマ（元はジプシーと呼ばれた）の服装にモチーフを得た装い。ボヘミアンは本来「ボヘミア地方の」という意味で、ボヘミア地方特有の民俗衣装風のスタイルも指すが、現在では昔風の白いスモックやチュニック、またシフォンのミニドレスなどで示されるフェミニンなヒッピー風の装いが代表とされている。

81 ポペリスム（paupérisme）仏
フランス語で「貧乏な状態、貧民」という意味。ファッションではぼろぼろ、しわしわなど一見して貧乏に見えるファッション表現を指し、1990年代に現われたいわゆるぼろルックをこのように呼ぶようになった。

82 ホワイトタイ（white tie）
夜間に催されるパーティなどで、イブニングコート（燕尾服）の着用を促す国際的なドレスコードの文言の一つ。招待状に「ホワイトタイ」の指定があるときは、燕尾服の着用を暗に示している。

83 マーケティングリサーチ（marketing research）
一般的には「市場調査」のこととされるが、正確には「市場調査」はマーケットリサーチといい、マーケティングリサーチは単に市場調査だけにとどまらず、マーケティング活動そのものを調査、分析することを意味している。

84 マーチャンダイジング（merchandising）
一般的にMDと略されることが多い。売れるものを作り、それを売るための仕組みを指し、日本語では「商品政策」とか「商品化計画」などと呼ばれる。商品（マーチャンダイズ）の企画から生産、販売また販売促進までの「物作り」全般にかかわる企業活動を指し、これを実行する専門職をマーチャンダイザーと呼んでいる。

85 ミリタリールック（military look）
軍隊、軍人の着用した究極のきりりとした軍服のファッション。構築的なシェープで機能性に富み、格調高く、いつの時代にも様々なデザインで表現される。

86 メガスペシャリティストア（mega speciality store）
「特化型大型店」などと訳される。特定の商品分野やライフスタイルに対象を絞った、いわゆる特化型新業態の一つ。

87 モッズルック（mods look）
1960年代初頭のロンドンに現われたモッズと呼ばれる若者たちによる奇異な流行現象を指す。モッズはモダンジャズあるいはモダニストからきたものとされ、モッズコートやモッズスーツと呼ばれるアイテムがファッション的な特徴で、イタリア製のスクーター、ヴェスパが彼らのシンボルとされた。こうした風俗に共感を持つ若者たちによって復活したファッションをネオモッズ（neo-mods）と呼ぶ。

88 モノグラムファッション（monogram fashion）
モノグラムは「文字を組み合わせた図案」という意味で、一般には「ロゴ模様」と呼ばれる。そうしたデザインを取り入れて表現されるファッションを指し、例えばフランスの有名ブランド「ルイ・ヴィトン」のモノグラムをそのまま使った帽子やスカートなどのファッションがある。

89 モボ、モガ（modern boy、modern girl）
モボは「モダンボーイ」、モガは「モダンガール」の略。ともに大正末期から昭和初期（1931年頃まで）にかけて登場した日本のおしゃれな若い男女を指す。

90 モンドリアン・ルック（Mondriaan look）
1965年にイヴ・サンローランが発表して衝撃を与えた作品。オランダの抽象画家モンドリアンの絵

画をそのまま表現したストレートドレスが代表的で、大きなカラーブロックの柄はモダンアートのファッション版とされる。

91 ユニバーサルファッション（universal fashion）

ユニバーサルは「普遍的な、全部の、万能の」という意味。体に不自由があるとか高齢などということとは関係なく、誰もが共通して着ることのできるファッションを総称する。

92 ラルジュファッション（large fashion）

ラルジュは英語のラージ（large 大きい）のフランス語読みで、特に「幅の広い、豊かな」という意味を表わす。これはLサイズやトールサイズ（背の高い人向けのサイズ）のファッションについて、東京婦人子供服工業組合が名づけたところから広まった。

93 リアルクローズ（real clothes）

実感のある服といった意味で、リアルウェアとも呼ばれる。ファッション性だけを優先させたものではなく、その季節にリアリティ（真実味）をもって着ることができる等身大の服、という意味合いが込められた用語。いわば現実直視型の衣服で、そこにこそ現代的なファッション性があるということになる。

94 リバイバルカジュアル（revival casual）

短縮して「リバカジ」とも呼ばれる。かつて流行したものを再び持ち出して着ようとするカジュアルファッションの表現で、特に1960～'70年代のファッションがその題材とされることが多い。'90年代、ダウンジャケットの再ブーム時に登場した用語。

95 レイアード（layered）

1970年代、高田賢三によって発表された重ね着スタイル。日本の着物のようにアイテムを重ねて、自由な着装を表現した。

96 ローブデコルテ（robe décolletée）仏

女性の夜間の最上級の礼装とされるドレス。デコルテは「衿をくった」という意味で、衿もとを大きくくって、肩や背を露出させたデザインを特徴とするフルレングスドレスを指す。

97 ローブモンタント（robe montante）仏

女性の昼間の最上正礼装とされるドレス。モンタントは本来「上がる、昇る」といった意味で、高く立ち上がった衿を特徴とするところからこのように呼ばれる。夜間の正礼装のローブデコルテに対して、胸もとから首までを完全に隠すところに特徴があり、長袖、床上までのフルレングスであることと、露出していいのは顔だけというのがデザイン上のポイントとなる。古くからある礼装の一つで、現在の日本では皇室関係者のみに用いられている。

98 ロココ（rococo）

18世紀（より正確には1730～'70年頃）、フランスのブルボン王朝ルイ15世の時代に起こった芸術、デザイン様式を指し、装飾過多で華麗な宮廷文化として知られる。ロココという名称はフランス語のロカイユ（貝や小石、岩などで造る人造岩窟）からきたもので、そこに見る曲線的な装飾を特徴にしたとされる。

99 ロハス（LOHAS）

Lifestyles Of Health And Sustainability の頭文字から作られた略語で、健康的で地球環境の持続可能性を意識したライフスタイルのあり方を指す。

100 ロリータ・ファッション（lolita fashion）

俗に「少女服」などと呼ばれる、幼くかわいい雰囲気の服装を総称する。

出典　吉村誠一著『ファッション大辞典』繊研新聞社

第10章　ビジネスマナーの基礎知識

　ビジネスは、人間関係のもとに成り立っているため、身だしなみや言葉づかい、礼儀作法などのマナーがとても重要になってくる。また、仕事をスムーズに進めるためには、ビジネスのルールを身につけて臨機応変に対応していくことが必要となる。ここでは、ビジネスマナーとして基本的なものをいくつか取り上げる。

1　身だしなみ

　初対面での第一印象は、とても重要である。短い時間で相手のことを知るための情報としては、ヘアスタイル、メイクアップ（化粧）、服装、表情などの格好やしぐさなどが挙げられる。つまり、第一印象はほぼ身だしなみ（外見）で善し悪しが決まってしまうのである。そのため、身だしなみで気をつけなければならないポイントは、清潔感のあるファッションを心がけることで、常に明るい笑顔と元気な挨拶を絶やさないことも大切である。

2　ヘアスタイルとメイクアップ

　清潔感を第一に考え、自分に合ったヘアスタイルとメイクアップを取り入れることが大切である。男性の場合は、職種によって異なるが、ロングヘアはあまり好ましくなく、やはりショートヘアのほうが清潔な印象を与える。女性の場合も、職種によって異なるが、ロングヘアの場合にはビジネス・シーンによってアレンジし、他人に不快感を与えないように気を配らなければならない。また、カラーリングをする際には、男女ともになるべく控えめな色が好ましいといえる。

　女性にとっては、ヘアスタイルと並んでメイクアップも重要なポイントとなる。しかし、ビジネスにおいては、あくまでもナチュラルなメイクアップを心がけ、厚化粧や奇抜な色を多用したメイクアップは好ましくない。また、季節に応じた流行色をさり気なくメイクアップに取り入れることも、女性がメイクアップを楽しむための秘訣といえる。

3　服装

　ビジネスにおいては、一般的にスーツが基本的な服装になる。テーラード・スーツは、相手への敬意や礼儀、社会人としての立場を表わすベーシックな衣服である。ここでも清潔感を忘れずに、自分の体に合ったサイズのものを選び、色は濃紺、黒、ダークグレー、チャコールグレーなどが好ましい。流行によってスーツも少しずつデザインが変化しているが、ベーシックなデザインのスーツを2〜3着持っていると着回しができ、流行にも左右されず、長く着用できる。

　男性の場合は、シャツやネクタイなどのコーディネートでその人の個性が表現される。特に、ネクタ

イはアクセントになるため、肌の色に合った色を取り入れることが重要である。また、ビジネス・シーンではネクタイの柄もあまり個性的にならないように注意しなければならない。基本的な柄としては、無地、ストライプ、小紋が定番である。

女性の場合は、ジャケットの内側に着るシャツには、流行があり、白のシャツ・カラーが基本であるが、衿なしのニット類でも、季節によってはタートルネックでもいい。下はスカートでもパンツでもよく、コーディネートの幅は男性よりも広い。また、スカート丈は、椅子に座ったときに膝が隠れるくらいの長さが好ましい。ネックレスやイアリングなどのアクセサリーでもコーディネートを楽しめる。しかし、場合によってはアクセサリーを控えめにすることも必要である。肌の露出は控えめにし、清潔感を絶やさないことが重要となる。スタイリストの場合は特にセンスが問われるので、トレンドをうまく取り入れながら、自分らしさをアピールすることが大切である。

4　言葉づかい

ビジネス・シーンでは、言葉づかいに注意することが重要になってくる。仕事や人間関係を円滑にするためにも敬語は不可欠となり、尊敬語と謙譲語のつかい分けを身につけておくことは必須である。言葉づかいは、その人の人間性や仕事に対する姿勢、相手に与える印象にもつながり、身だしなみの次に大切なものだといえる。尊敬語は、相手を敬い、敬意を表わし、相手を高める言葉であり、謙譲語は、自分がへりくだって相手に敬意を表する言葉である。

また、日本語には、語尾に「です」や「ます」をつけて丁寧な言葉にする丁寧語と、言葉の先頭に「お」や「ご」をつけて敬語のように聞こえる美化語がある。話す相手やシーンによって、尊敬語、謙譲語、丁寧語、美化語を上手につかいこなせるようになるには、日頃から言葉づかいに気を配り、相手に対する敬意を忘れずに、誠意をもって対応していくことが大切である。

電話の応対においても、言葉づかいには充分に気をつけ、丁寧な言葉で相手に不快感を与えないようにしなければならない。ビジネス・シーンにおいても電話は欠かすことのできない連絡ツールとなっている。ビジネスにおける電話のマナーとしては、相手の顔や状況が見えないため、より細心の気配りが必要となる。

5　挨拶

挨拶は、日常において基本的なマナーであり、人と出会ったときに最初に行なうことである。ビジネス・シーンでも挨拶はとても大事で、日頃から元気な挨拶をするように心がけることによって、自分も相手も気持ちよく仕事ができるような雰囲気を作ることができる。「おはようございます」「よろしくお願いします」「ありがとうございます」「お疲れさまです」といった何気ない挨拶があちらこちらで聞こえると、仕事の現場が明るくなり、活気も生まれる。

また、コミュニケーションを図るうえでも、相手の目を見て明るい気持ちで挨拶をすることは、人間性を高めることにもつながる。

6　ビジネス文書

　ビジネスマナーを身につけるうえで、ビジネス文書の基礎を知っておくことも重要である。ビジネス文書は、目的に応じて書面、メール、ファクシミリの3種類を使い分けると便利である。書面は、契約書や依頼書、企画書、見積書のほか、案内状、礼状、詫び状など書類として正式な形で相手の手に渡らなければならない場合である。この場合、大抵は郵送となるため、その間の時間を考慮しておく必要がある。メールは、ビジネスにおいては、緊急な内容やデータとして早急に送り届けなければならない場合などである。ファクシミリは、案内の返事や文書として緊急に送付する場合などである。

　これらの注意としては、相手の連絡先を確認し、確実に相手に届けるということに気を配らなければならない。また、言葉づかいにも注意し、相手に失礼のないようにする必要がある。

7　5W3H

　ビジネス文書で重要なことは、5W3Hを使い、目的を明確に相手に伝えることである。5W3Hとは、「Who（誰が）」「What（何を）」「When（いつ）」「Where（どこで）」「Why（なぜ）」の5Wと「How（どのように）」「How much（いくらで）」「How many（いくつ）」の3Hを指す。この5W3Hを上手に使うことによって、伝えたい内容が明確に相手に伝わり、ビジネス文書としてたいへんわかりやすいものとなる。

8　フォーマル

　ビジネスの基本的なマナーとして、フォーマルの知識も知っておかなければならない。フォーマルとは冠婚葬祭のことを指す。フォーマルでは、ご祝儀や香典、服装に注意する必要がある。

　特に社会人の場合は、結婚式、葬式の他にも必要な出費が増えるものである。その際、自分の身分をわきまえて相応の金額を用意し、失礼のないようにしたいものである。

　また、フォーマルにおいて服装は重要である。基本的には「昼」と「夜」、「正礼装」「準礼装」「略礼装」、男女の分類によって定められている。冠婚葬祭などの正式な場面での服装指定はドレスコードという。基本として知識に入れておく必要がある。

【ドレスコードの基本】

昼、夜	服装	男性	女性
昼	正礼装	モーニングコート（ホワイトタイ）	アフタヌーンドレス
	準礼装	ディレクターズスーツ／ブラックスーツ	セミアフタヌーンドレス
	略礼装	ダークスーツ	コーディネートスタイル
夜	正礼装	燕尾服（ホワイトタイ）	イブニングドレス
	準礼装	タキシード（ブラックタイ）／ファンシースーツ	セミイブニングドレス／カクテルドレス
	略礼装	ダークスーツ	インフォーマルドレス

　この他にもビジネスマナーには様々な知識があるが、これらの基本を知ることで、今後さらにマナーについて関心を持ち、多くのことを学んでもらいたいと思う。

参考文献

栗山志明著『マーチャンダイジング企画編』繊研新聞社

資生堂ビューティーソリューション開発センター『化粧セラピー』日経BP社

高見俊一著『元気で行動的な中高年市場を開発するアクティブシニア市場』繊研新聞社

深井晃子著『ファッション・キーワード』文化出版局

日下公人、ソフト化経済センターグループ001著
　『熟年（ゴールド）マーケット〝目利き〟も唸るビジネスヒント』PHP研究所

世相風俗観察会編『現代世相風俗史年表 1945-2008』河出書房新社

神田文人編『昭和・平成　現代史年表 大正12年9月1日～平成8年12月31日』小学館

吉村誠一著『増補最新版ファッション新語辞典』繊研新聞社

吉村誠一著『ファッション大辞典』繊研新聞社

『WWDジャパン的ファッション30年史』INFASパブリケーションズ

熊野卓司著『足らない時代のイベント成功術　ヒト・モノ・カネ』繊研新聞社

日本繊維新聞社編『未来を担う人材の登竜門　ファッションデザインコンテストプライズ2008』日本繊維新聞社

『ファッション辞典』文化出版局

『服飾辞典』文化出版局

高橋書店編集部編『さすが！と言われるビジネスマナー完全版』高橋書店

『ファッションカラー84号　2011～12年秋冬／2011年春夏』日本色研事業株式会社

林 泉（はやし・いずみ）

　文化服装学院デザイン科およびサロン・ド・シャポー学院デザイン科を卒業。文化服装学院シャポー・アクセサリー科、同ファッション流通専門課程スタイリスト科、ファッション流通専攻科などの主任、文化服装学院教授（ファッション流通専門課程グループ長）、学院長補佐を歴任。この間、株式会社カインドウェア商品企画室顧問、資生堂ビューティサイエンス研究所SABFAの講師を務めるかたわら、各地で講演活動を行なう。1988年より文部省（当時）研究委託事業による"ファッション流通分野における先端機器を使った人材育成のための情報教育システム"、2006年より"ICチップを活用したファッションショー、舞台衣装の電子管理"を研究、「装苑賞」などのファッションコンテストの審査員を務め、米国MITや朝日新聞社とウェアラブルコンピュータイベントを総合ディレクションする。2009年IFFTI（London）において、"Fashion and Health - Psychological Considerations to Health Promotion"、2010年IFFTI（Taipei）において、"Motivating people for re-using fashion from the viewpoint of sustainability 'Psycho-educational considerations on their beliefs'"を、野口京子文化女子大学（現・文化学園大学）教授と連名で発表。文化女子大学（現・文化学園大学）教授、2009年より2011年まで同大学現代文化学部学部長。文化学園大学名誉教授。ファッションビジネス学会理事。

デザイン　甲谷一（Happy and Happy）
　　　　　秦泉寺眞姫（Happy and Happy）
イラスト　あをやまめぐみ　大西果林
写真　　　シンシン　上仲正寿
　　　　　文化学園ファッションリソースセンター
校閲　　　田村容子（文化出版局）
編集　　　西森知子（文化出版局）

スタイリスト&コーディネーターの条件

2011年3月4日　第1刷発行
2019年6月12日　第3刷発行

著　者　林　泉
発行者　濱田勝宏
発行所　学校法人文化学園　文化出版局
　　　　〒151-8524　東京都渋谷区代々木 3-22-1
　　　　電話　03(3299)2491(編集)　03(3299)2540(営業)
印刷・製本所　株式会社文化カラー印刷

©Izumi Hayashi 2011　Printed in Japan
本書の写真、カット及び内容の無断転載を禁じます。

本書のコピー、スキャン、デジタル化等の無断複製は著作権法上での例外を除き禁じられています。本書を代行業者等の第三者に依頼してスキャンやデジタル化することは、たとえ個人や家庭内での利用でも著作権法違反になります。

ホームページ　http://books.bunka.ac.jp/